崧燁文化

曹永忠，許智誠，蔡英德 著

PICO W 擴充板基本篇
(MicroPython 篇)

An Introduction to Shield of Raspberry Pi Pico W (MicroPython)

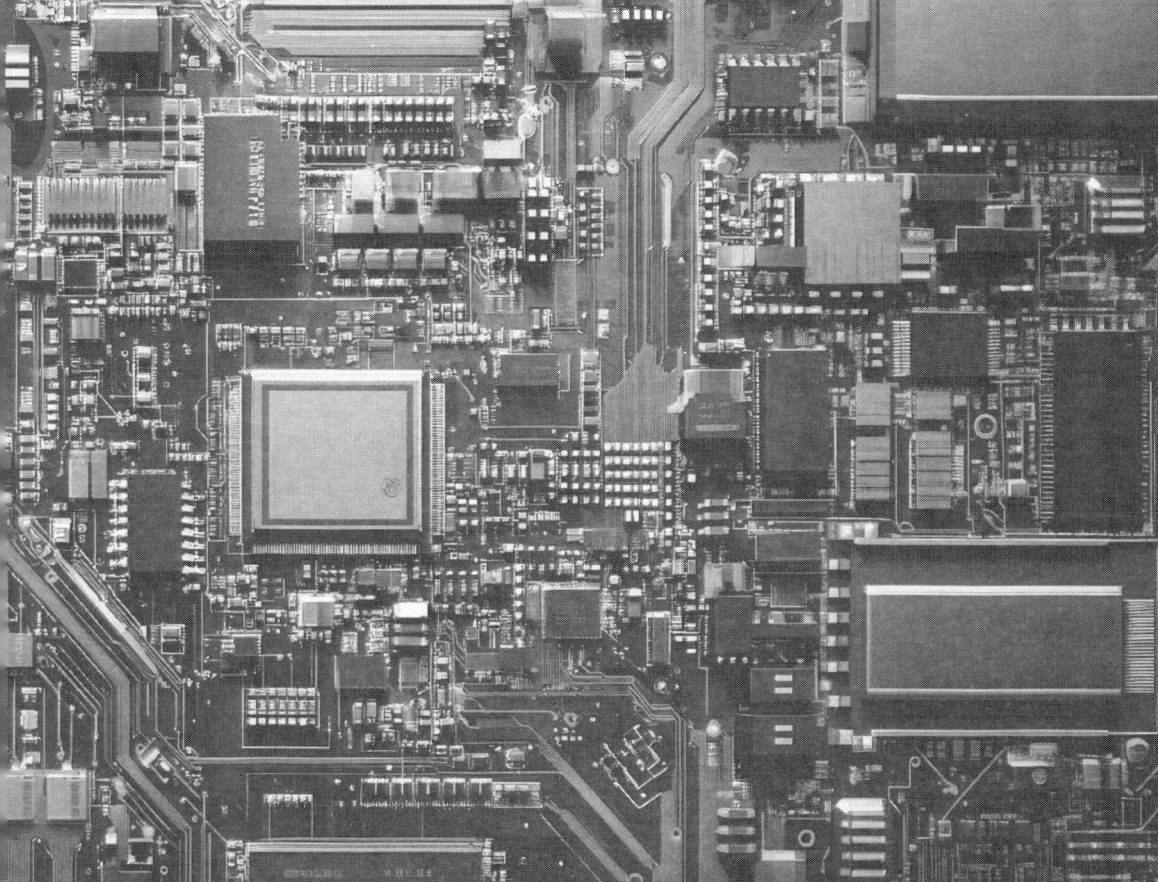

自序

　　樹莓派PICO W開發板(RASPBERRY PI PICO W)系列的書是我出版至今十多年多，出書量也破一百八十多本大關，專為樹莓派 PICO W 開發板(RASPBERRY PI PICO W)的第一本教學書籍，當初出版電子書是希望能夠在教育界開一門 Maker 自造者相關的課程，沒想到一寫就已過十多年，繁簡體加起來的出版數也已也破一百八十多本的量，這些書都是我學習當一個 Maker 累積下來的成果。

　　這本書可以說是我的另一個里程碑，之前都是以專案為主，將別人設計的產品進行逆向工程展開之後，將該產品重新實作，但是筆者發現，很多學子的程度對一個產品專案開發，仍是心有餘、力不足，所以筆者鑑於如此，回頭再寫基礎感測器系列與程式設計系列，希望透過這些基礎能力的書籍，來培養學子基礎程式開發的能力，等基礎扎穩之後，面對更難的產品開發或物聯網系統開發，有能游刃有餘。

　　目前許多學子在學習程式設計之時，恐怕最不能了解的問題是，我為何要寫九九乘法表、為何要寫遞迴程式，為何要寫成函式型式…等等疑問，只因為在學校的學子，學習程式是為了可以了解『撰寫程式』的邏輯，並訓練且建立如何運用程式邏輯的能力，解譯現實中面對的問題。然而現實中的問題往往太過於複雜，授課的老師無法有多餘的時間與資源去解釋現實中複雜問題，期望能將現實中複雜問題淬鍊成邏輯上的思路，加以訓練學生其解題思路，但是眾多學子宥於現實問題的困惑，無法單純用純粹的解題思路來進行學習與訓練，反而以現實中的複雜來反駁老師教學太過學理，沒有實務上的應用為由，拒絕深入學習，這樣的情形，反而自己造成了學習上的障礙。

　　本系列的書籍，針對目前學習上的盲點，希望讀者從感測器元件認識、、使用、應用到產品開發，一步一步漸進學習，並透過程式技巧的模仿學習，來降低系統龐大產生大量程式與複雜程式所需要了解的時間與成本，透過固定需求對應的程式攥寫技巧模仿學習，可以更快學習單晶片開發與 C 語言程式設計，進而有能力開發

出原有產品,進而改進、加強、創新其原有產品固有思維與架構。如此一來,因為學子們進行『重新開發產品』過程之中,可以很有把握的了解自己正在進行什麼,對於學習過程之中,透過實務需求導引著開發過程,可以讓學子們讓實務產出與邏輯化思考產生關連,如此可以一掃過去陰霾,更踏實的進行學習。

這十多年以來的經驗分享,逐漸在這群學子身上看到發芽,開始成長,覺得 Maker 的教育方式,極有可能在未來成為教育的主流,相信我每日、每月、每年不斷的努力之下,未來 Maker 的教育、推廣、普及、成熟將指日可待。

最後,請大家可以加入 Maker 的 Open Knowledge 的行列。

曹永忠 於貓咪樂園

自序

　　隨著資通技術(ICT)的進步與普及，取得資料不僅方便快速，傳播資訊的管道也多樣化與便利。然而，在網路搜尋到的資料卻越來越巨量，如何將在眾多的資料之中篩選出正確的資訊，進而萃取出您要的知識？如何獲得同時具廣度與深度的知識？如何一次就獲得最正確的知識？相信這些都是大家共同思考的問題。

　　為了解決這些困惱大家的問題，永忠、智誠兄與敝人計畫製作一系列「Maker系列」書籍來傳遞兼具廣度與深度的軟體開發知識，希望讀者能利用這些書籍迅速掌握正確知識。首先規劃「以一個 Maker 的觀點，找尋所有可用資源並整合相關技術，透過創意與逆向工程的技法進行設計與開發」的系列書籍，運用現有的產品或零件，透過駭入產品的逆向工程的手法，拆解後並重製其控制核心，並使用 Arduino 相關技術進行產品設計與開發等過程，讓電子、機械、電機、控制、軟體、工程進行跨領域的整合。

　　近年來 Arduino 異軍突起，在許多大學，甚至高中職、國中，甚至許多出社會的工程達人，都以 Arduino 為單晶片控制裝置，整合許多感測器、馬達、動力機構、手機、平板...等，開發出許多具創意的互動產品與數位藝術。由於 Arduino 的簡單、易用、價格合理、資源眾多，許多大專院校及社團都推出相關課程與研習機會來學習與推廣。

　　以往介紹 ICT 技術的書籍大部份以理論開始、為了深化開發與專業技術，往往忘記這些產品產品開發背後所需要的背景、動機、需求、環境因素等，讓讀者在學習之間，不容易了解當初開發這些產品的原始創意與想法，基於這樣的原因，一般人學起來特別感到吃力與迷惘。

　　本書為了讀者能夠深入了解產品開發的背景，本系列整合 Maker 自造者的觀念與創意發想，深入產品技術核心，進而開發產品，只要讀者跟著本書一步一步研習與實作，在完成之際，回頭思考，就很容易了解開發產品的整體思維。透過這樣的

思路，讀者就可以輕易地轉移學習經驗至其他相關的產品實作上。

所以本書是能夠自修的書，讀完後不僅能依據書本的實作說明準備材料來製作，盡情享受 DIY(Do It Yourself)的樂趣，還能了解其原理並推展至其他應用。有興趣的讀者可再利用書後的參考文獻繼續研讀相關資料。

本書的發行有新的創舉，就是以電子書型式發行，在國家圖書館(http://www.ncl.edu.tw/)、國立公共資訊圖書館 National Library of Public Information(http://www.nlpi.edu.tw/)、台灣雲端圖庫(http://www.ebookservice.tw/)等都可以免費借閱與閱讀，如要購買的讀者也可以到許多電子書網路商城、Google Books 與 Google Play 都可以購買之後下載與閱讀。希望讀者能珍惜機會閱讀及學習，繼續將知識與資訊傳播出去，讓有興趣的眾人都受益。希望這個拋磚引玉的舉動能讓更多人響應與跟進，一起共襄盛舉。

本書可能還有不盡完美之處，非常歡迎您的指教與建議。近期還將推出其他 Arduino 相關應用與實作的書籍，敬請期待。

最後，請您立刻行動翻書閱讀。

蔡英德 於台中沙鹿靜宜大學主顧樓

自序

記得自己在大學資訊工程系修習電子電路實驗的時候，自己對於設計與製作電路板是一點興趣也沒有，然後又沒有天分，所以那是苦不堪言的一堂課，還好當年有我同組的好同學，努力的照顧我，命令我做這做那，我不會的他就自己做，如此讓我解決了資訊工程學系課程中，我最不擅長的課。

當時資訊工程學系對於設計電子電路課程，大多數都是專攻軟體的學生去修習時，系上的用意應該是要大家軟硬兼修，尤其是在台灣這個大部分是硬體為主的產業環境，但是對於一個軟體設計，但是缺乏硬體專業訓練，或是對於眾多機械機構與機電整合原理不太有概念的人，在理解現代的許多機電整合設計時，學習上都會有很多的困擾與障礙，因為專精於軟體設計的人，不一定能很容易就懂機電控制設計與機電整合。懂得機電控制的人，也不一定知道軟體該如何運作，不同的機電控制或是軟體開發常常都會有不同的解決方法。

除非您很有各方面的天賦，或是在學校巧遇名師教導，否則通常不太容易能在機電控制與機電整合這方面自我學習，進而成為專業人員。

而自從有了 Arduino 這個平台後，上述的困擾就大部分迎刃而解了，因為 Arduino 這個平台讓你可以以不變應萬變，用一致性的平台，來做很多機電控制、機電整合學習，進而將軟體開發整合到機構設計之中，在這個機械、電子、電機、資訊、工程等整合領域，不失為一個很大的福音，尤其在創意掛帥的年代，能夠自己創新想法，從 Original Idea 到產品開發與整合能夠自己獨立完整設計出來，自己就能夠更容易完全了解與掌握核心技術與產業技術，整個開發過程必定可以提供思維上與實務上更多的收穫。

Arduino 平台引進台灣自今，雖然越來越多的書籍出版，但是從設計、開發、製作出一個完整產品並解析產品設計思維，這樣產品開發的書籍仍然鮮見，尤其是能夠從頭到尾，利用範例與理論解釋並重，完完整整的解說如何用 Arduino 設計出

一個完整產品,介紹開發過程中,機電控制與軟體整合相關技術與範例,如此的書籍更是付之闕如。永忠、英德兄與敝人計畫撰寫 Maker 系列,就是基於這樣對市場需要的觀察,開發出這樣的書籍。

　　作者出版了許多的 Arduino 系列的書籍,深深覺的,基礎乃是最根本的實力,所以回到最基礎的地方,希望透過最基本的程式設計教學,來提供眾多的 Makers 在入門 Arduino 時,如何開始,如何攥寫自己的程式,進而介紹不同的週邊模組,主要的目的是希望學子可以學到如何使用這些週邊模組來設計程式,期望在未來產品開發時,可以更得心應手的使用這些週邊模組與感測器,更快將自己的想法實現,希望讀者可以了解與學習到作者寫書的初衷。

許智誠　　於中壢雙連坡中央大學 管理學院

目 錄

自序	ii
自序	iv
自序	vi
目　錄	viii
圖目錄	xi
表目錄	xix
樹莓派系列	1
開發板介紹	3
Thonny 開發 IDE 安裝	7
連接樹莓派 PICO W 開發板	19
燒錄 MicroPython 於樹莓派 PICO W 開發板	35
確定硬體版本	36
開啟 Thonny 開發工具進行燒錄 MicroPython for PICO	37
進入燒錄模式	49
上下傳程式與副程式	65
上傳程式	65
下載程式	70
上傳副程式(函式庫)	74
上傳副程式(函式庫)	75
安裝套件	87
搭配硬體	87
安裝對應硬體的韌體套件	88
章節小結	97
擴充板介紹	99
板載顯示器介紹	101
彩色 1.8 吋顯示螢幕	101

viii

外部 GPIO 腳位 104

外部 SPI 腳位 105

外部 I2C 腳位 106

外部 UART 腳位 107

輸出外部電源腳位 108

外接揚聲器 109

簡易按鈕 113

外接鋰電池腳位與外接電源腳位 115

重置按鈕(Reset Button) 117

擴充麵包板 118

樹莓派 PICO W 開發板插座 118

Pico W Breadboard 擴充板銅柱螺絲孔 119

Log 擴充腳位 121

章節小結 122

基礎元件與 GPIO 控制介紹 124

板載預設 LED 之 GPIO 腳位 124

硬體組立 125

預設 LED 之 GPIO 腳位程式 126

程式結果畫面 127

顯示連接任一 GPIO 腳位之 Led 燈明滅 128

硬體組立 130

顯示 GPIO 之 Led 燈明滅 132

程式結果畫面 134

章節小結 135

本書總結 135

作者介紹 136

附錄 138

    Raspberry Pi Pico W 腳位圖 138

    Raspberry Pi Pico 腳位圖 139

    四種版本比較圖 140

    Pico/w Breadboard 141

參考文獻 142

圖目錄

圖 1 樹莓派 PICO W 開發板正反面一覽圖 4

圖 2 Raspberry Pi Pico W 開發板尺寸圖 6

圖 3 樹莓派 PICO W 開發板腳位圖 7

圖 4 thonny 官方網站 8

圖 5 下載 thonny 官方網站 8

圖 6 下載 thonny 開發工具 9

圖 7 點選下載檔案 11

圖 8 開始安裝 11

圖 9 選擇安裝元件 12

圖 10 同意建立桌面捷徑 12

圖 11 開始 Install 13

圖 12 安裝中 13

圖 13 安裝完成 14

圖 14 點選 Thonny 程式圖示 15

圖 15 Thonny 的軟體開發環境的介面 15

圖 16 進入設定選項 16

圖 17 Thonny 設定選項畫面 17

圖 18 設定 Thonny 語言介面為繁體 17

圖 19 確定切換繁體中文介面語言 18

圖 20 點選結束按鈕 18

圖 21 繁體中文介面 Thonny 程式 19

圖 22 樹莓派 PICO W 與 PICO Shield 20

圖 23 Thonny 程式主畫面 20

xi

圖 24 進入設定選項	21
圖 25 Thonny 設定選項畫面	21
圖 26 切換直譯器選項	22
圖 27 切換直譯器	23
圖 28 可使用編譯器選項清單	23
圖 29 選擇 PICO 選項	24
圖 30 以切換 PICO 專用編譯器	24
圖 31 切換開發板連接埠	25
圖 32 裝置管理員通訊埠清單	26
圖 33 PICOW 連接之通訊埠	26
圖 34 可選到連接埠之清單	27
圖 35 選擇 PICOW 對應通訊埠	28
圖 36 設定好樹莓派 PICO W 開發板之軟體版本與開發本	28
圖 37 回到 Thonny 主畫面	29
圖 38 叫出檔案視窗	29
圖 39 再回到 Thonny 主畫面	30
圖 40 已出現檔案視窗介面	30
圖 41 基本上 Thonny 主畫面應該會連到開發板	31
圖 42 沒有出現開發板檔案視窗	31
圖 43 PICOW 插上 MicroUSB 失敗不導電	32
圖 44 查看程式執行圖示	32
圖 45 查看程式執行圖示是否異常	33
圖 46 停止程式執行	33
圖 47 恢復未執行程式狀態	34
圖 48 程式檔案出現之主畫面	34

圖 49 正確檔案介面之主畫面 35

圖 50 確定硬體版本 36

圖 51 Thonny 程式主畫面 37

圖 52 進入設定選項 37

圖 53 Thonny 設定選項畫面 38

圖 54 切換直譯器選項 39

圖 55 切換直譯器 40

圖 56 可使用編譯器選項清單 40

圖 57 選擇 PICO 選項 41

圖 58 切換 PICO 專用編譯器 42

圖 59 切換開發板連接埠 43

圖 60 裝置管理員通訊埠清單 44

圖 61 PICOW 連接之通訊埠 44

圖 62 可選到連接埠之清單 45

圖 63 選擇 PICOW 對應通訊埠 46

圖 64 設定好樹莓派 PICO W 開發板之軟體版本與開發本 47

圖 65 點選安裝或更新 MicroPython 48

圖 66 安裝或更新 MicroPython 畫面 48

圖 67 安裝或更新 MicroPython 畫面 49

圖 68 樹莓派 PICO W 開發板連上 USB 線 50

圖 69 拔下 MicroUSB 線 50

圖 70 無連接狀態之開發板 51

圖 71 進入燒錄模式之燒錄按鈕 51

圖 72 請按下燒錄模式之燒錄按鈕 52

圖 73 在按下燒錄模式之燒錄按鈕下插入 USB 線 53

xiii

圖 74 放開燒錄模式之燒錄按鈕 53

圖 75 進入燒錄模式出換 RPI-RP2 磁碟機 54

圖 76 進入燒錄模式出換 RPI-RP2 磁碟機(紅框表示) 54

圖 77 進入燒錄模式之安裝或更新 MicroPython 畫面 55

圖 78 選擇燒錄空間區 56

圖 79 點選燒錄版本 56

圖 80 出現燒錄版本 57

圖 81 選擇 RP2 版本 57

圖 82 點選晶片版本 58

圖 83 出現可選擇之晶片版本 58

圖 84 選擇 PICOW 晶片版本 59

圖 85 設定好要安裝之 MicroPython 韌體 59

圖 86 設定預設之 MicroPython 韌體版本 60

圖 87 點選 Install 安裝 61

圖 88 安裝 MicroPython 韌體中 61

圖 89 安裝 MicroPython 韌體完成 62

圖 90 離開安裝 MicroPython 韌體畫面 62

圖 91 完成燒錄 MicroPython 韌體畫面後離開 63

圖 92 燒錄韌體後回到開發工具主畫面 64

圖 93 更新 PICOW 韌體後並不會刪除原有 python 檔案 65

圖 94 樹莓派 PICO W 開發板連上 USB 線 66

圖 95 正確檔案介面之主畫面 66

圖 96 再被選好的檔案區按下滑鼠右鍵 67

圖 97 按下滑鼠右鍵候選上傳選項 68

圖 98 開始上傳程式 68

xiv

圖 99 查看 PICOW 裝置檔案 69
圖 100 PICOW 裝置已完成上傳之檔案 70
圖 101 樹莓派 PICO W 開發板連上 USB 線 70
圖 102 Thonny 畫面 70
圖 103 選取 PICOW 裝置端上的檔案 71
圖 104 在檔案區按下滑鼠右鍵 71
圖 105 選去下載與對應目錄 72
圖 106 下載 PICOW 程式到電腦畫面 73
圖 107 下載 PICOW 程式到電腦畫面 73
圖 108 下載到電腦的程式碼檔案 74
圖 109 樹莓派 PICO W 開發板連上 USB 線 75
圖 110 PICOW 開發板連接 1.8 吋 TFT 螢幕 76
圖 111 函式庫網站 77
圖 112 函式庫網站之 ST7735 函式檔 77
圖 113 在程式目錄建立 lib 資料夾 78
圖 114 將下載函式庫檔案拷貝到 lib 資料夾 79
圖 115 選取 lib 資料夾下對應的檔案 79
圖 116 點選 PICOW 開發板的 lib 函式庫資料夾 80
圖 117 切換到 PICOW 開發板的 lib 函式庫資料夾 80
圖 118 選取要上傳的函式庫檔案 81
圖 119 在選取區按下滑鼠右鍵呼叫快捷選單 82
圖 120 在快捷選單選去上傳到開發板的函式庫資料夾 83
圖 121 開始上傳函式檔到開發板函式庫資料夾 83
圖 122 重複檔案會警告是否覆蓋檔案 84
圖 123 開始上傳函式檔到開發板函式庫資料夾中 84

xv

圖 124 完成後可以見到開發板函式庫資料夾有對應檔案 85

圖 125 切換開發資料夾到原來目錄 85

圖 126 切換開發板到根目錄 86

圖 127 完成函式庫上傳到開發板 86

圖 128 回到主程式編輯畫面 87

圖 129 樹莓派 PICO W 開發板連上 USB 線 87

圖 130 PICOW 開發板連接 OLED 12832 顯示模組 88

圖 131 選取管理套件功能 89

圖 132 套件管理主畫面 89

圖 133 套件管理畫面 90

圖 134 點選查詢內容輸入區域 90

圖 135 輸入查詢 ssd1306 內容 91

圖 136 按下查詢套件按鈕 92

圖 137 找到函式的內容 93

圖 138 點選要安裝函式 94

圖 139 顯示要安裝硬體之套件 94

圖 140 安裝查詢到的套件 95

圖 141 開始安裝找到的函示套件 95

圖 142 安裝函式套件成功 96

圖 143 點選要移除的函式套件 96

圖 144 Pico/W Breadboard 擴充板一覽圖 99

圖 145 1.8 英寸全彩 128x160 SPI 全彩 TFT LCD 顯示模組一覽圖 101

圖 146 外接 1.8 英寸全彩顯示模組 103

圖 147 外接 1.8 英寸全彩顯示模組背光控制開關 104

圖 148 外部 GPIO 腳位 105

xvi

圖 149 外部 SPI 腳位 106

圖 150 外部 I2C 腳位 107

圖 151 外部 UART 腳位 108

圖 152 輸出外部電源腳位 109

圖 153 Pico/W Breadboard 擴充板上的揚聲器 110

圖 154 簡易按鈕 113

圖 155 外接鋰電池腳位 115

圖 156 外接鋰電池 116

圖 157 JST PH2.0mm 電源接頭線 116

圖 158 重置按鈕(Reset Button) 117

圖 159 擴充麵包板 118

圖 160 樹莓派 PICO W 開發板插座 119

圖 161 Pico W Breadboard 擴充板銅柱螺絲孔 120

圖 162 銅柱螺絲 121

圖 163 Log 擴充腳位 122

圖 164 外部 GPIO 腳位 124

圖 165 Pico W Breadboard 擴充板與樹莓派 PICO W 開發板 125

圖 166 樹莓派 PICO W 開發板連接 1.8 吋彩色 TFT 顯示模組 126

圖 167 顯示預設板載 Led 燈明滅測試程式結果畫面 128

圖 168 外部 GPIO 腳位 129

圖 169 外部 GPIO 腳位 129

圖 170 Pico W Breadboard 擴充板與樹莓派 PICO W 開發板 130

圖 171 整合 LED 之樹莓派 PICO W 開發板連接 1.8 吋彩色 TFT 顯示模組
.... 132

圖 172 顯示預設板載 Led 燈明滅測試程式結果畫面 133

圖 173 顯示預設板載 Led 燈明滅測試程式結果畫面 134

表目錄

表 1 Pico/W Breadboard 擴充板揚聲器測試程式 110

表 2 Pico/W Breadboard 擴充板外接按鈕測試程式 113

表 3 顯示預設板載 Led 燈明滅測試程式 126

表 4 LED 模組接腳表 131

表 5 顯示預設板載 Led 燈明滅測試程式 133

樹莓派系列

　　本書是『樹莓派系列』的第一本書，主要教導新手與初階使用者之讀者熟悉使用樹莓派系列的 RP2040 系列之 PICO W 開發板，進入物聯網的實際應用，本書重點是透過 Pico/W Breadboard 擴充板與樹莓派系列的 RP2040 系列之 PICO W 開發板整合，基本上使用 MicroPython 開發語言，透過介紹方式來介紹 Pico/W Breadboard 擴充板。

　　Pico/W Breadboard 擴充板是 Kevin's Lab 創始人：陳淨騰(Kevin Chen)，其臉書網址：https://www.facebook.com/chen.ching.teng，Kevin 是一位不可多得的創作者與資深開發經理，Pico/W Breadboard 擴充板，可以在板上搭配樹莓派 PICO 開發板(Raspberry Pi Pico)與樹莓派 PICO W 開發板(Raspberry Pi Pico W)兩種同系列的開發板，並在擴充板直接整合彩色 1.8 吋顯示螢幕(薄膜電晶體液晶顯示器，其顯示器搭載 ST7735 驅動晶片，讓樹莓派開發者與學習學子可以在最少的時間，進入 MicroPython 開發語言開發系統的門檻，加上使用強大的 PICO W 開發板(RASPBERRY PI PICO W)讓開發者與學子可以快速進入物聯網領域，開發出更多的物聯網相關的雛型系統，透過 Pico/W Breadboard 擴充板，可以快速連接眾多的周邊模組，都可以輕易的將想要完成的東西用堆積木的方式快速建立，而且樹莓派 PICO W 開發板(RASPBERRY PI PICO W)市售價格比原廠 Arduino Yun 或 Arduino + Wifi Shield 更具優勢，最強大的是這些周邊模組對應的函式庫，加上全球有許多開源開發者不斷的支持，讓 Maker 不需要具有深厚的電子、電機與電路能力，就可以輕易駕御這些模組。

　　筆者很早就開始使用樹莓派 PICO W 開發板(RASPBERRY PI PICO W)，也算是先驅使用者，希望筆者可以推出更多的入門書籍給更多想要進入『樹莓派 PICO W 開發板(RASPBERRY PI PICO W)』、『物聯網』這個未來大趨勢，所有才有這個系列的產生。

1
CHAPTER

開發板介紹

樹莓派 PICO W 開發板(Raspberry Pi Pico W)是樹莓派基金會於 2022 年基於 Raspberry Pi RP2040 微控制器晶片的單晶片控制板(Chan, 2024; Sharma, 2021)。它被設計為具有低成本、方便使用之數位腳位、且運行數度極高之單晶片控制板,樹莓派 PICO W 有兩個 ARM Cortex-M0＋ 內核,工作頻率高達 133MHz; 256KB 內存; 30 個通用腳位(GPIO Pins),內建溫度感測器和實時時鐘(RTC Clock)。

樹莓派 PICO W 開發板(Raspberry Pi Pico W)使用 Micro usb 傳輸線,輕鬆連結樹莓派 PICO W 開發板(Raspberry Pi Pico W)的 USB 端口,用於提供樹莓派 PICO W 開發板(Raspberry Pi Pico W)電力及燒錄程式,並支援 Arduino IDE 燒錄及 MicroPython 編輯程式:Thonny …等許多工具,樹莓派 PICO W 開發板(Raspberry Pi Pico W)有全面完善的軟體支援。官方也提供 Rasberry Pi C/C++ SDK,Micropython SDK。

樹莓派 PICO W 開發板(Raspberry Pi Pico W) 之所以能無線連網,因為在電路板上追加放置一顆德國英飛凌（Infineon）的無線晶片 CYW43439,該晶片具備 Wi-Fi 與藍牙,不過目前僅開通 Wi-Fi 功能,藍牙未來有可能可以開通,樹莓派 PICO W 開發板(Raspberry Pi Pico W)用的是 IEEE 802.11n 速率標準的 Wi-Fi,並只使用 1 根天線（11n 標準在單一裝置上允許最高設置 4 根天線）,理論上最快可以到 150Mbps,運作頻段則為 2.4GHz。

以 C 語言而言有 Pico SDK 軟體開發套件可用（參考網址：https://www.raspberrypi.com/documentation/pico-sdk/）,套件裡的軟體協定堆疊大體是環繞著 IwIP（lightweight IP,一套簡化、輕量化的 TCP/IP 協定）來建構,另外也會用上 libcyw43 函式庫,libcyw43 函式庫的開發者就是以 MicroPython 聞名的 Damien George。要注意的是:ibcyw43 函式庫可以免費使用,但僅限於非商業用途。

至於用 MicroPyhton 語言開發的就必須透過 MicroUSB 埠重新燒錄 UF2 韌體，且要注意的是 RPi Pico 與 RPi Pico W 在韌體上是各自獨立發展的，不能通用。

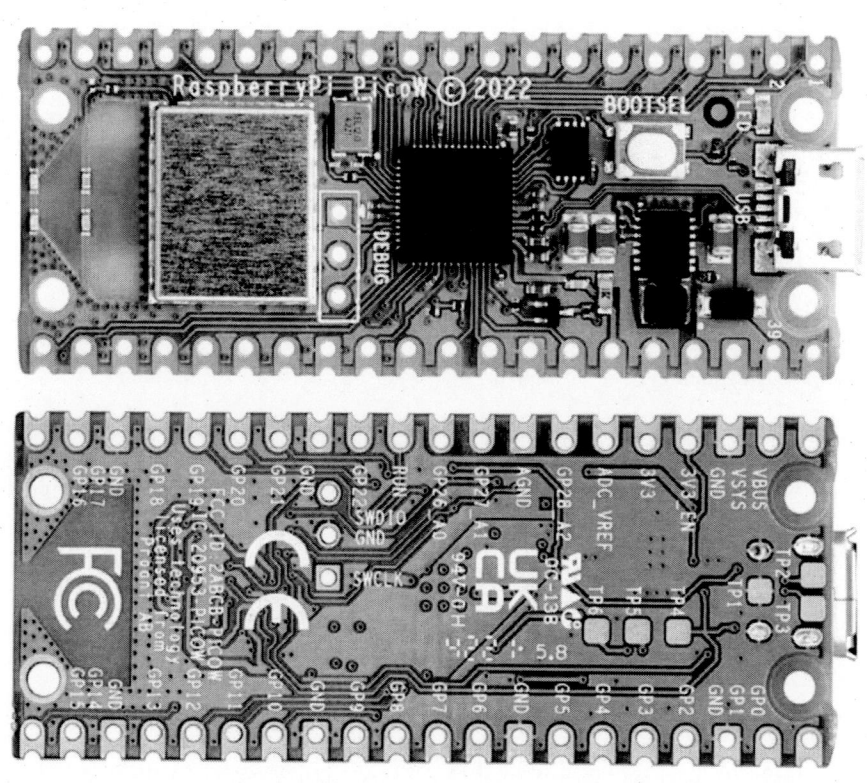

圖 1 樹莓派 PICO W 開發板正反面一覽圖
資料來源：樹莓派官網，
https://www.raspberrypi.com/documentation/microcontrollers/raspberry-pi-pico.html

如上圖所示，樹莓派 PICO W 開發板(Raspberry Pi Pico W)是一個款低成本且高靈活應用的 RP2040 開發平台，此外還有 2.4GHz 無線網路功能和以下主要規格與功能：

- 雙核 ARM Cortex M0+ 處理器,頻率高達 133 MHz

- 內建 2MB 外部快閃記憶體的 RP2040 微處理機晶片
- 264kB 多組高性能 SRAM
- 開發板內建 2.4GHz 無線 (802.11n)網路功能
- 使用 Micoo USB 介面，提供開發板電源、數據傳輸與對快閃記憶體重新程式設計之的上傳(Upload)與偵錯(Debug)
- 30 個多功能通用 I/O 腳位（四個可用於 ADC）(如下下圖所示)
- 1.8-3.3V I/O 電壓
- 12 位元 500ksps 模數轉換器 (ADC)
- 開發板外圍 0.1 英寸通孔針的 40 針 21mm×51mm 'DIP' 型 1mm 厚的邊緣齒型 PCB 電路板(如下圖所示)
- 全面的 SDK、軟體範例和文檔
- 2 × UART、2 × I2C、2 × SPI、16 × PWM 通道）
- 1 個帶 4 個鬧鐘的定時器，1 個實時時鐘
- 2 個可程式之 I/O (PIO) 塊，總共 8 個狀態機
- 靈活、用戶可編程的高速 I/O）
- 精確的晶片上時鐘和計時器
- 溫度感測器
- 加速的晶片上浮點庫

　　資料來源：https://datasheets.raspberrypi.com/pico/raspberry-pi-pico-c-sdk.pdf

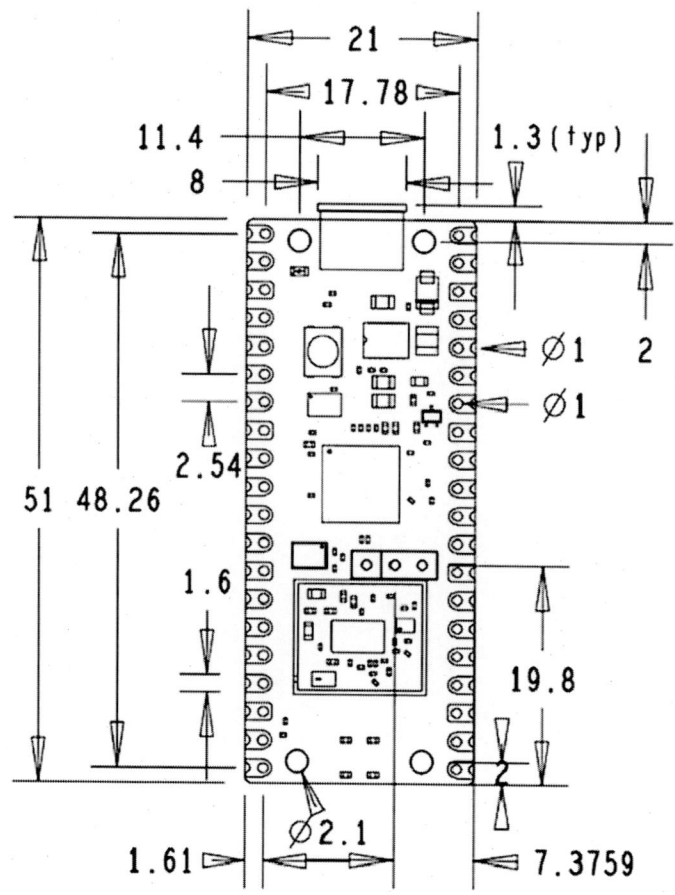

圖 2 Raspberry Pi Pico W 開發板尺寸圖

資料來源：樹莓派官網，

https://www.raspberrypi.com/documentation/microcontrollers/raspberry-pi-pico.html

如下圖所示，可以看到樹莓派 PICO W 開發板(Raspberry Pi Pico W)所有腳位的狀況一覽圖。

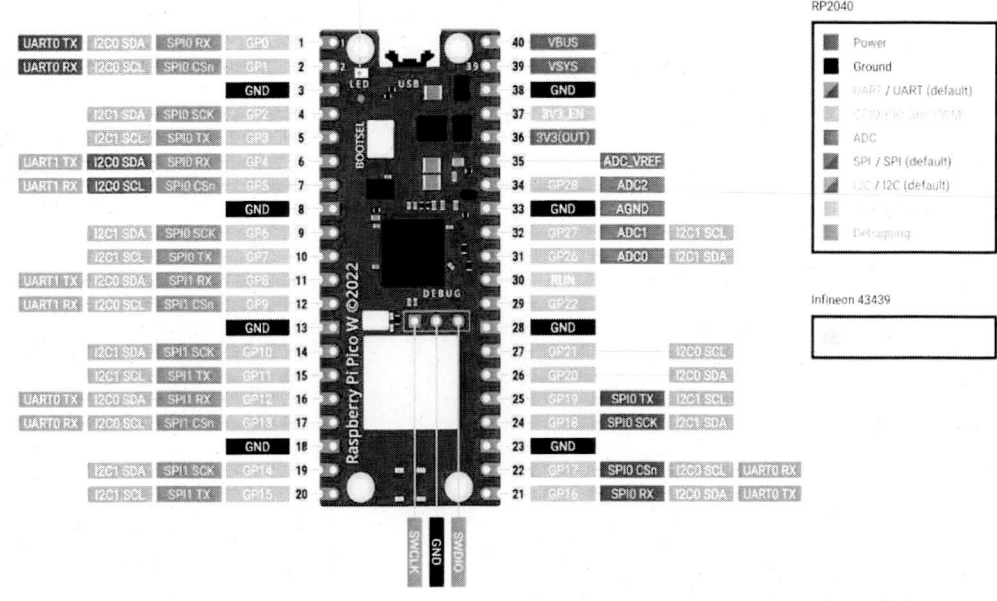

圖 3 樹莓派 PICO W 開發板腳位圖

資料來源：樹莓派官網，

https://www.raspberrypi.com/documentation/microcontrollers/raspberry-pi-pico.html

Thonny 開發 IDE 安裝

首先我們先進入到 thonny 官方網站，網址：https://thonny.org/，如下圖所示 (Annamaa, 2015)。

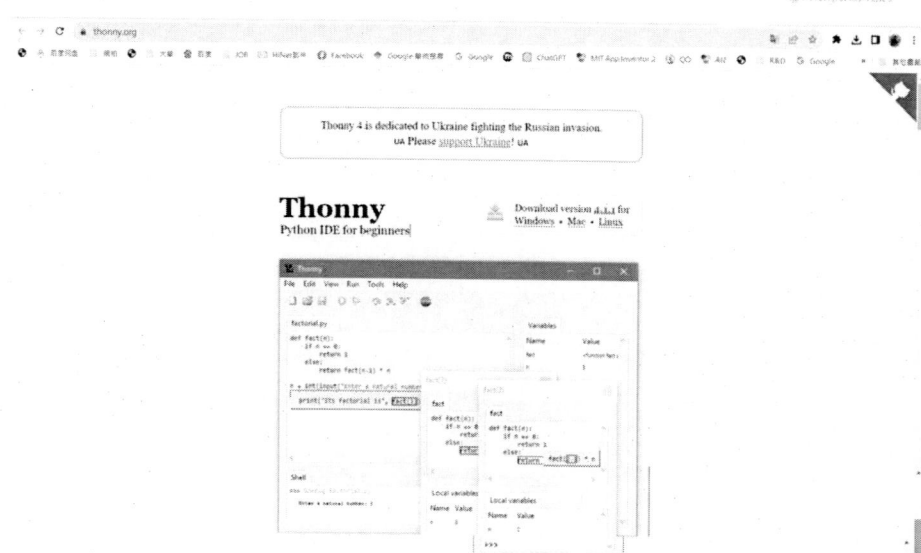

圖 4 thonny 官方網站

如下圖 所示，點選下圖紅框處，由於筆者採用 Windows 作業系統，所以點選的下載頁面如網址：https://github.com/thonny/thonny/releases/tag/v4.1.1

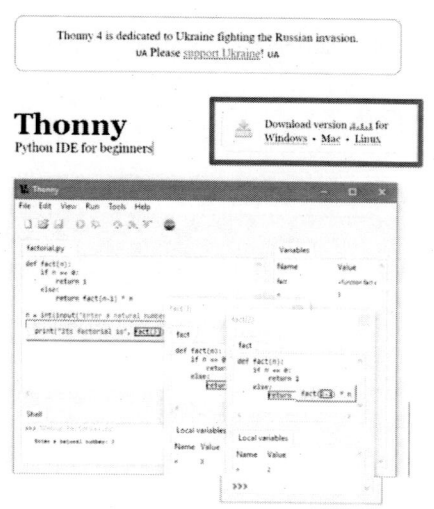

圖 5 下載 thonny 官方網站

如下圖所示，目前筆者寫書階段下載版本檔名為「thonny-4.1.1」，如讀者閱讀本書時，有其他版本，請根據實際作業系統與版本發佈狀況，自行對應相對的版本下載與安裝。

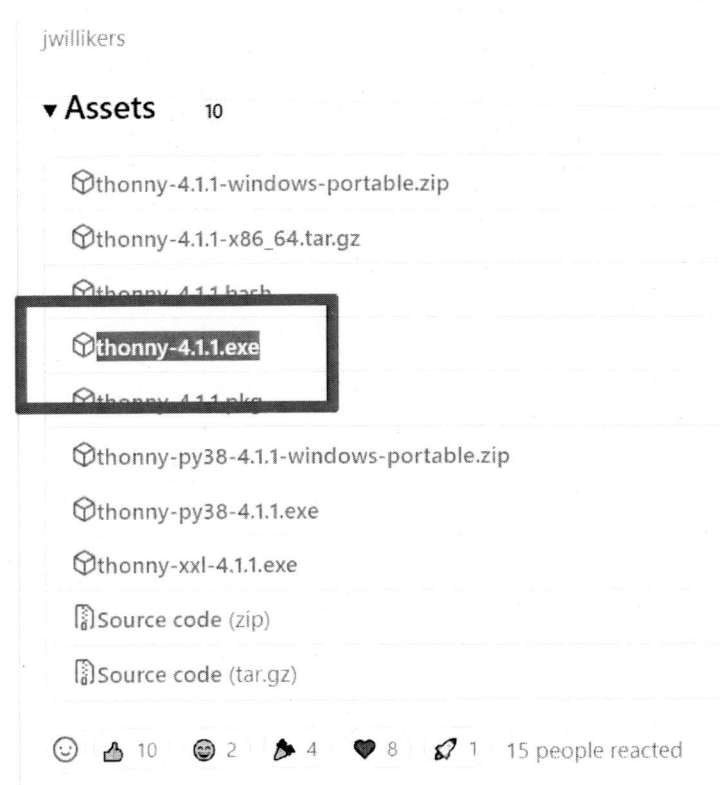

圖 6 下載 thonny 開發工具

下載完成後，請將下載檔案點擊兩下執行，出現如下畫面：

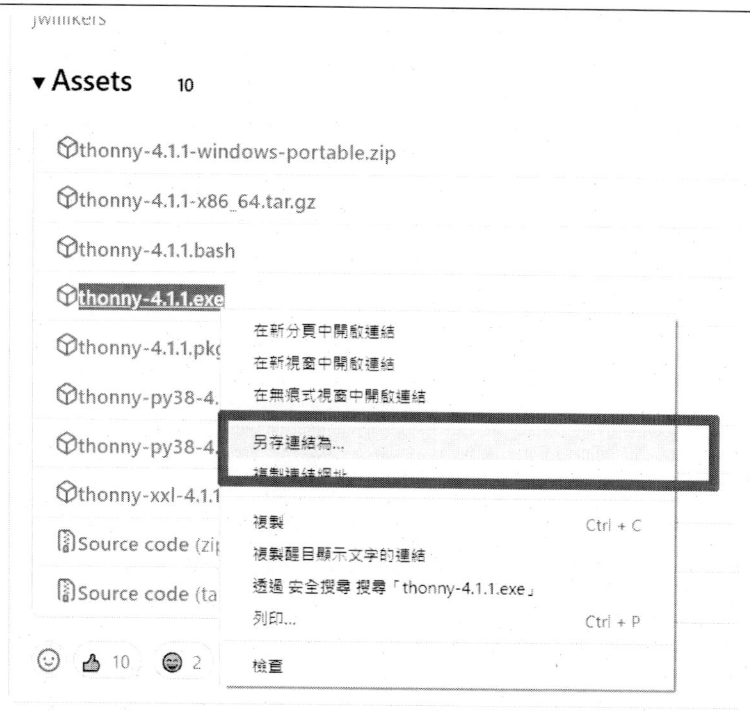

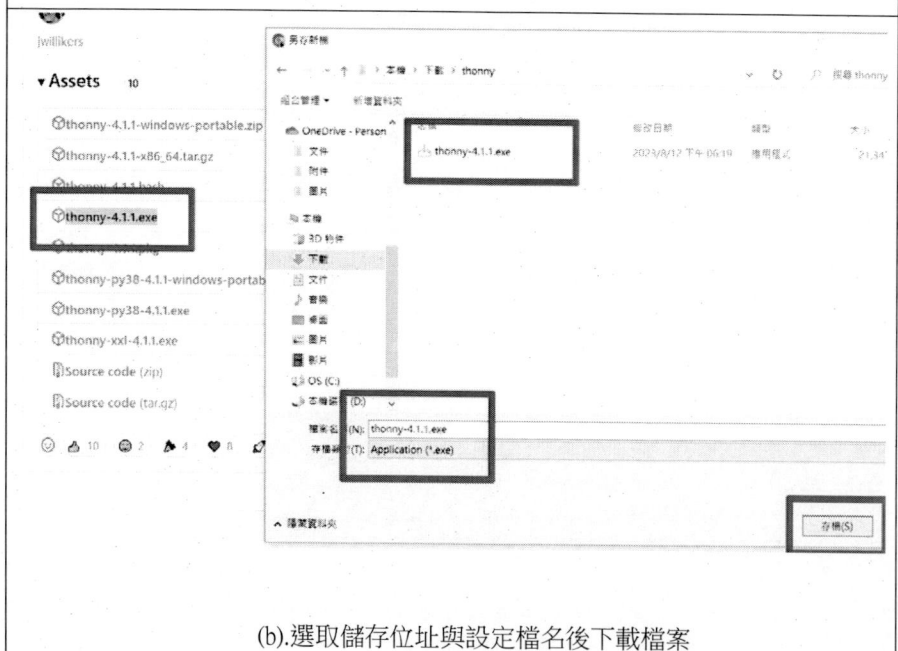

(a).點選後按下滑鼠右鍵選曲另存連結之圖示

(b).選取儲存位址與設定檔名後下載檔案

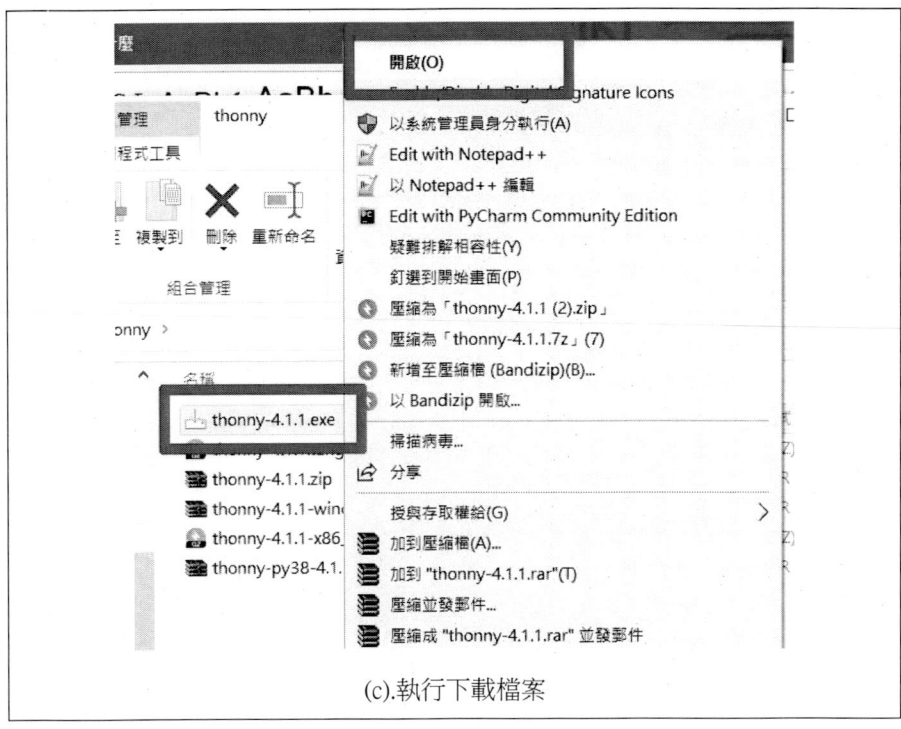

(c).執行下載檔案

圖 7 點選下載檔案

如下圖所示，進入開始安裝畫面：

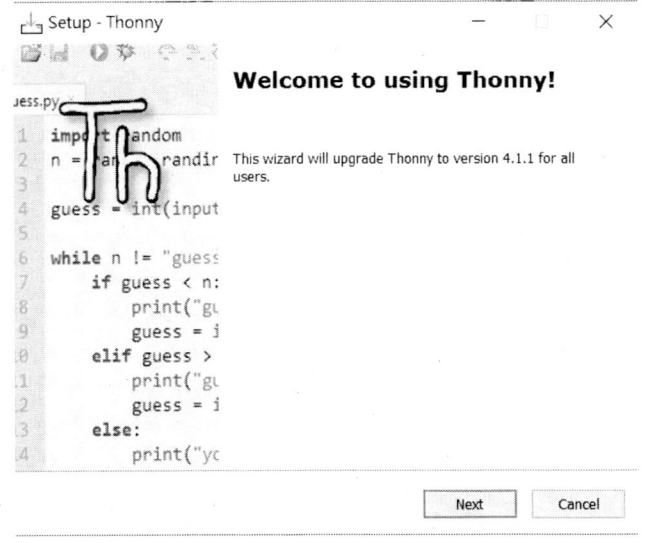

圖 8 開始安裝

如下圖所示，點選「I Accept .....」後，點選下一步圖示：

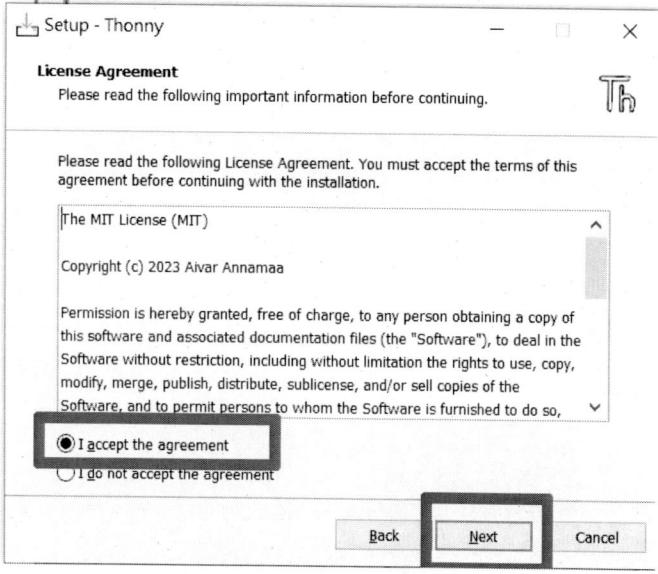

圖 9 選擇安裝元件

如下圖所示，點選「Create Destop Icon」後，點選下一步(Next)圖示。

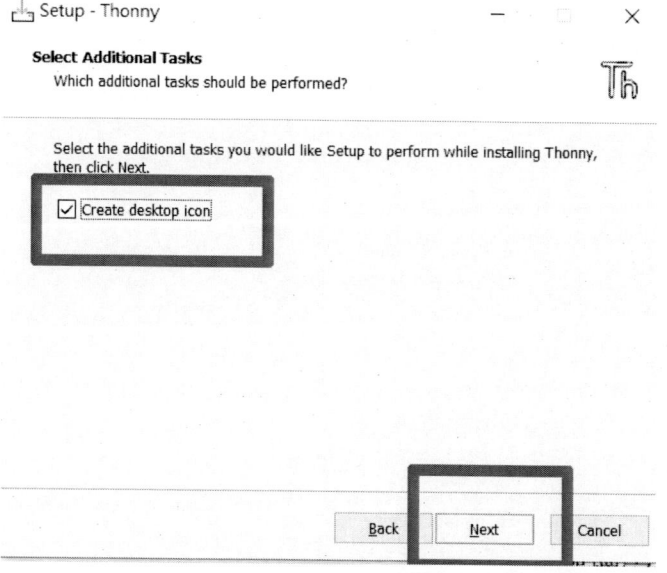

圖 10 同意建立桌面捷徑

如下圖所示,,點選「Install」進行安裝,出現如下畫面:

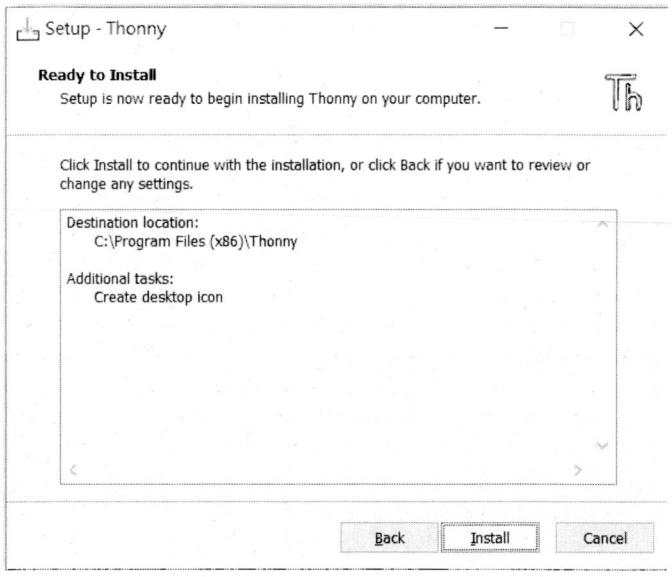

圖 11 開始 Install

如下圖所示,系統開始安裝。

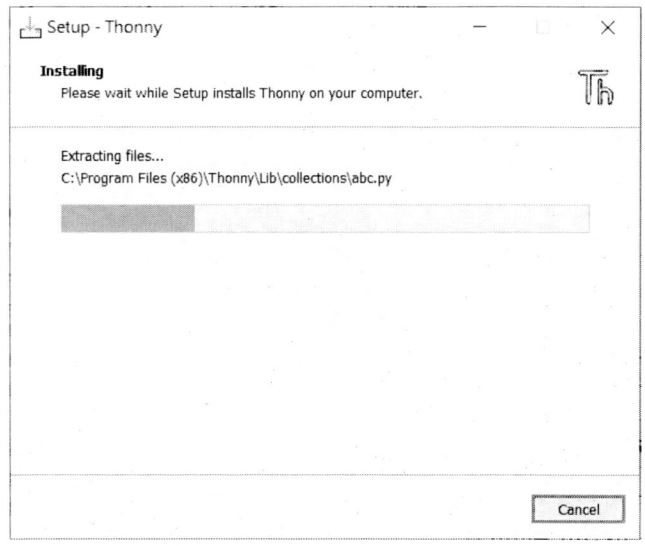

圖 12 安裝中

如下圖所示，安裝完成後，出現如下畫面，點選「Close」。

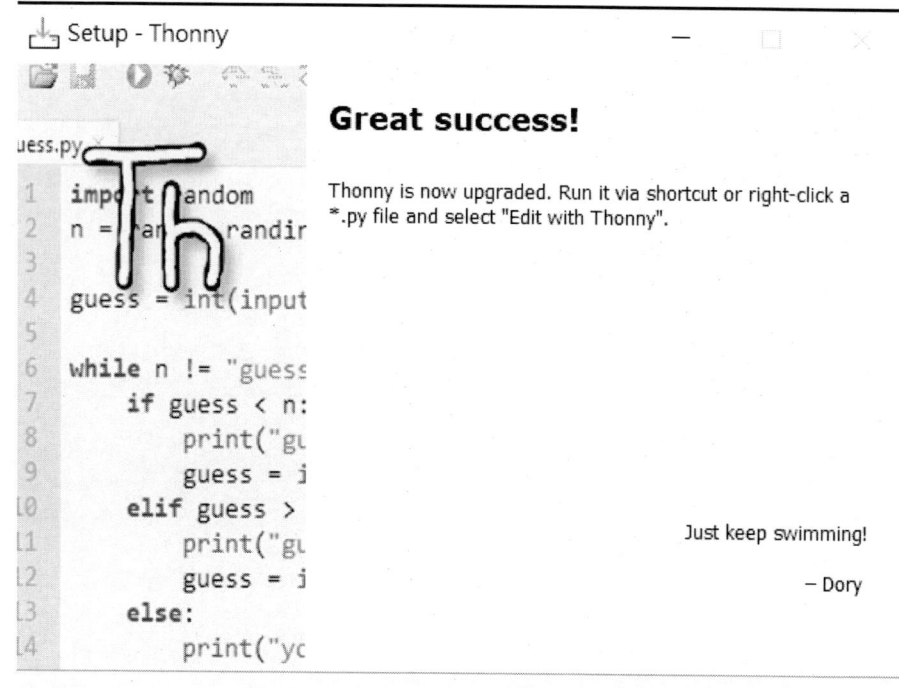

圖 13 安裝完成

如下圖所示，桌布上會出現  的圖示，您可以點選該圖示執行 Thonny 程式。

圖 14 點選 Thonny 程式圖示

如下圖所示，您會進入到 Thonny 的軟體開發環境的介面。

圖 15 Thonny 的軟體開發環境的介面

以下介紹工具列下方各按鈕的功能：

~ 15 ~

![加號]	開新檔案按鈕	新增檔案。
![開啟]	開啟檔案按鈕	開啟檔案，可開啟內建的程式檔或其他檔案
![儲存]	儲存檔案按鈕	儲存檔案
![執行]	執行程式按鈕	執行目前程式
![結束]	結束程式按鈕	結束目前執行目前程式

如下圖所示，您可以切換 Thonny 介面語言，我們先進入進入 Options.. 選項。

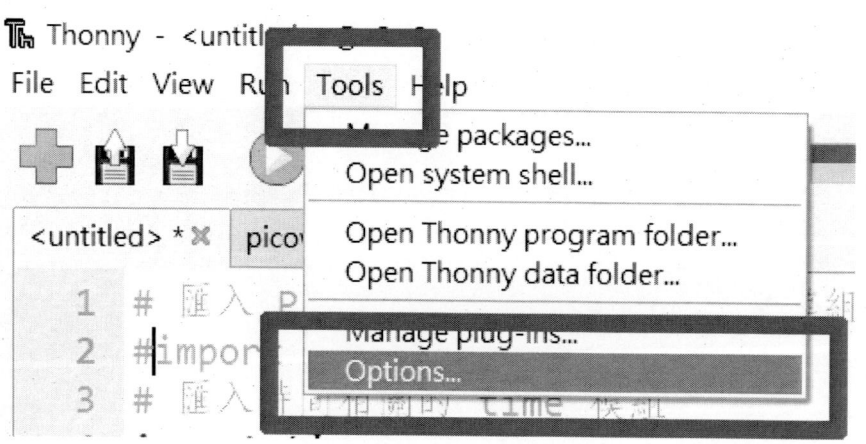

圖 16 進入設定選項

如下圖所示，出現 Preference 選項畫面。

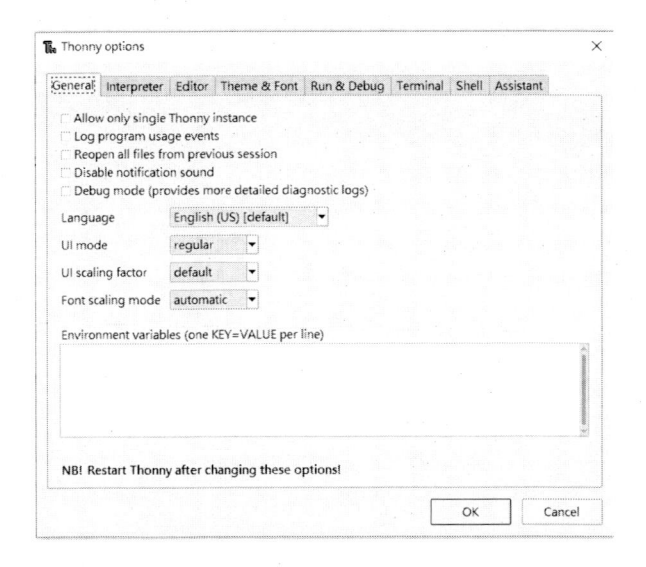

圖 17 Thonny 設定選項畫面

如下圖所示，可切換到您想要的介面語言(如繁體中文)。

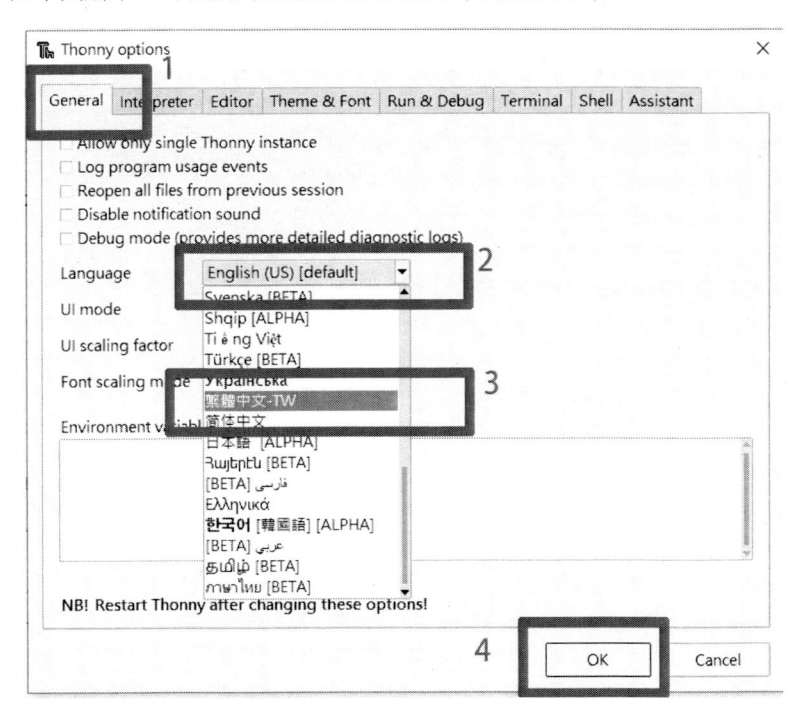

圖 18 設定 Thonny 語言介面為繁體

如下圖所示，按下「OK」，確定切換繁體中文介面語言。

圖 19 確定切換繁體中文介面語言

如下圖所示，按下「結束按鈕」，結束 Thonny 程式，並重新開啟 Thonny 程式。

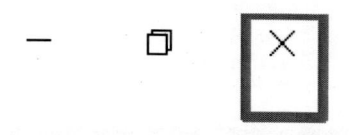

圖 20 點選結束按鈕

如下圖所示，可以發現 Thonny 程式介面語言已經變成繁體中文介面了。

圖 21 繁體中文介面 Thonny 程式

連接樹莓派 PICO W 開發板

樹莓派 PICO W 開發板(Raspberry Pi Pico W)是 WiFi+ 樹莓派 PICO(Raspberry Pi Pico)之具有 Wi-Fi 無線連網之強大開發板，下圖所示，是樹莓派 PICO W 開發板(Raspberry Pi Pico W)加上 Seeed Studio 開發之 PICO Shield。

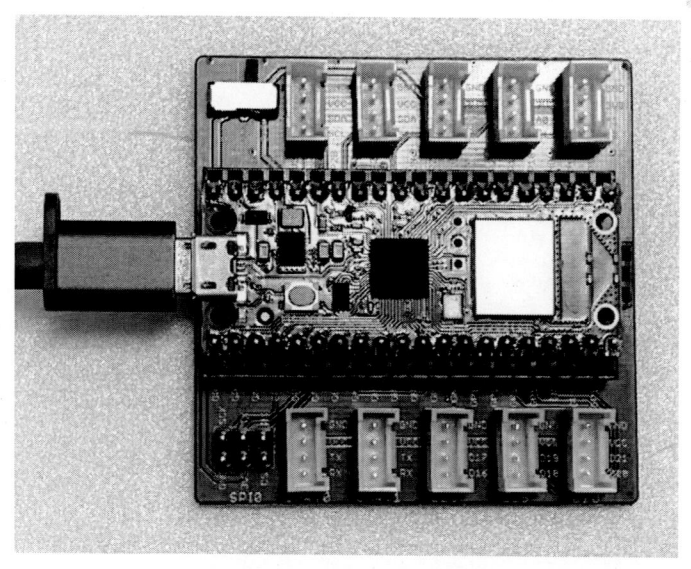

圖 22 樹莓派 PICO W 與 PICO Shield

如下圖所示，請開啟 Thonny 開發 IDE。

圖 23 Thonny 程式主畫面

如下圖所示，我們先進入進入 Options.. 選項。

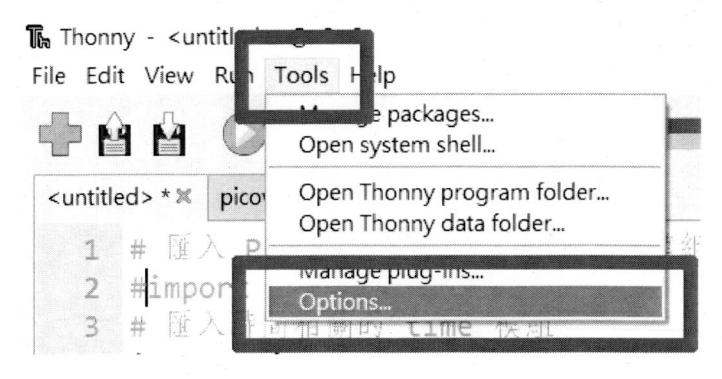

圖 24 進入設定選項

如下圖所示，為 Thonny 設定選項畫面，許多開發整合軟體之相關設定，都在這個畫面不同的頁籤項目可以進行設定。

圖 25 Thonny 設定選項畫面

如下圖所示，我們可以點選紅框處之編譯直譯器(Interpreter)頁籤。

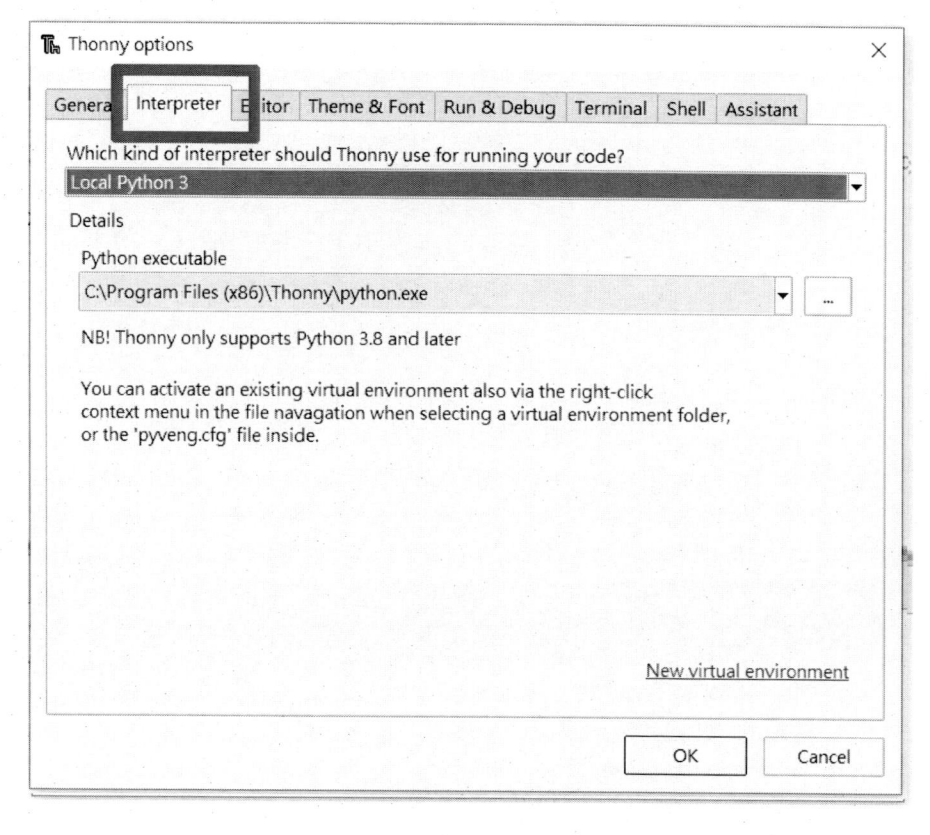

圖 26 切換直譯器選項

如下圖所示，再直譯器選項頁面中，點選下圖紅框處，會出現可以選擇之 Python/MicroPython 等不同選項畫面。

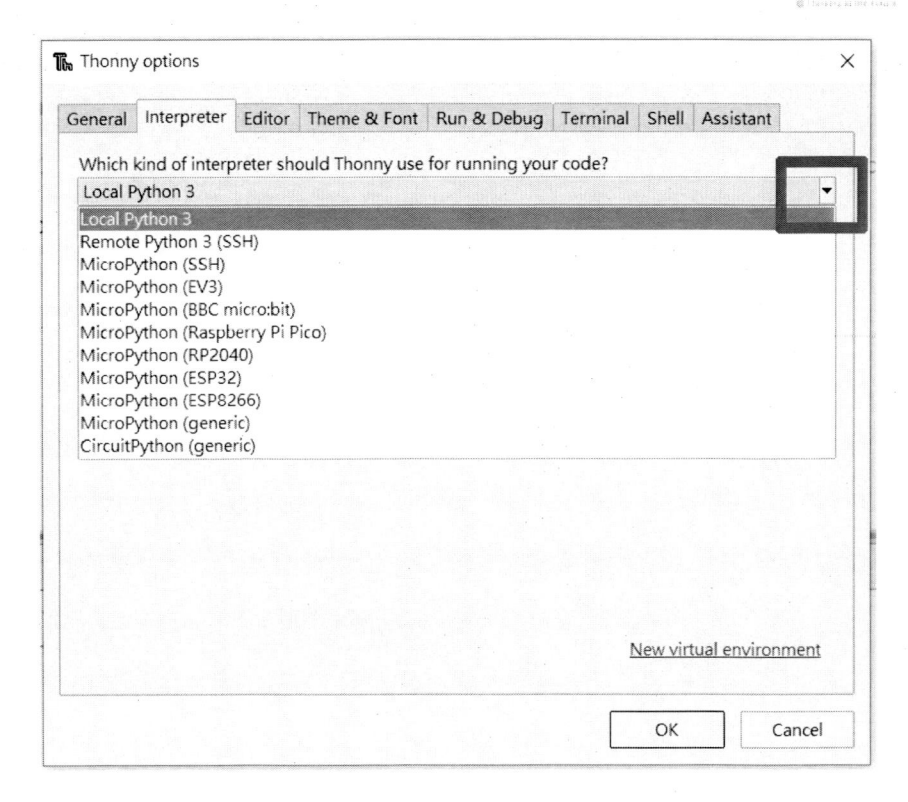

圖 27 切換直譯器

　　如下圖所示，點選上圖紅框處後，會出現下圖紅框出列出可以選擇之 Python/MicroPython 等不同直譯器名稱選項。

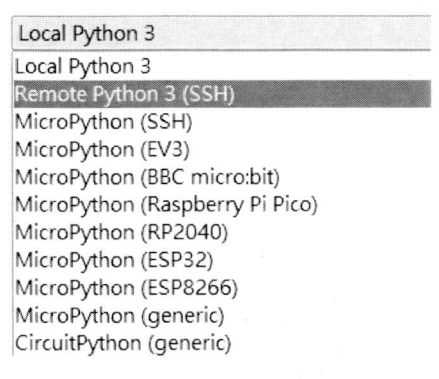

圖 28 可使用編譯器選項清單

如下圖所示，請點選下圖紅框出列出之 MicroPython(Raspberry Pi Pico)直譯器名稱選項。

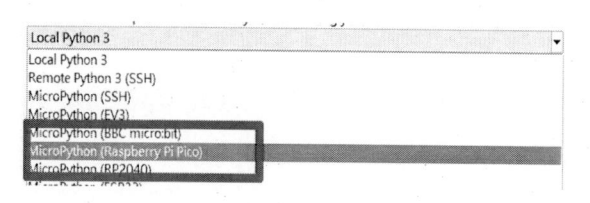

圖 29 選擇 PICO 選項

如下圖所示，我們點選紅框處之『MicroPython(Raspberry Pi Pico)』，雖然本書使用樹莓派 PICO W 開發板(Raspberry Pi Pico W)，但是樹莓派 PICO 開發板(Raspberry Pi Pico)與樹莓派 PICO W 開發板(Raspberry Pi Pico W)差異在網路所以在目前還沒有專用樹莓派 PICO W 開發板(Raspberry Pi Pico W)的 MicroPython 版本，所以使用樹莓派 PICO 開發板(Raspberry Pi Pico)進行安裝，在特殊使用 Wi-Fi 的套件，一樣可以完成本書所有開發。

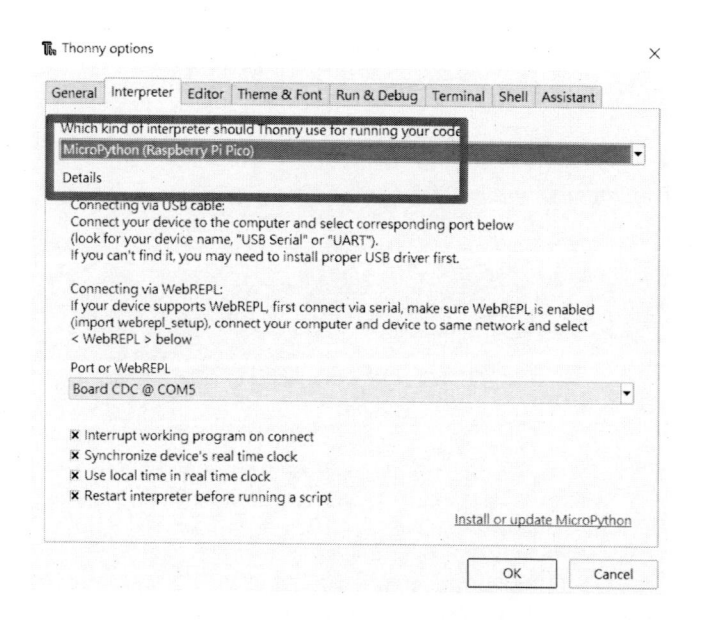

圖 30 以切換 PICO 專用編譯器

如下圖所示，我們可以看到完成樹莓派 PICO W 開發板(Raspberry Pi Pico W)的 Python 版本設定。

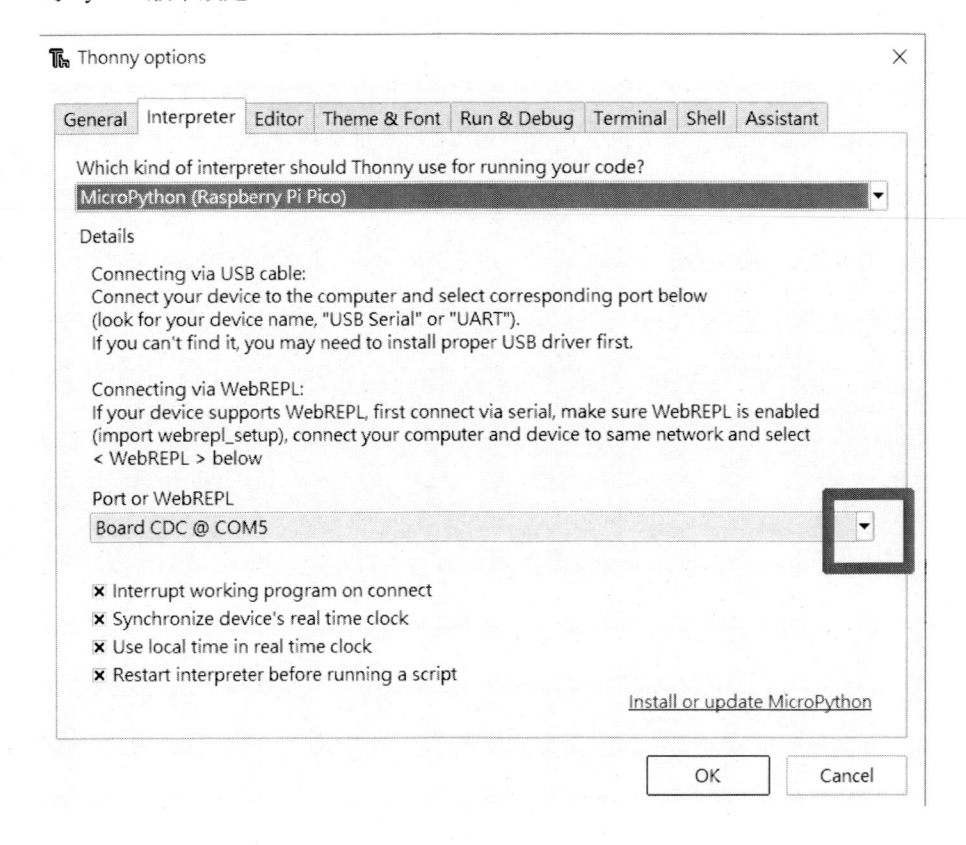

```
Thonny options                                                      ×

General  Interpreter  Editor  Theme & Font  Run & Debug  Terminal  Shell  Assistant

Which kind of interpreter should Thonny use for running your code?
MicroPython (Raspberry Pi Pico)                                        ▼

Details
Connecting via USB cable:
Connect your device to the computer and select corresponding port below
(look for your device name, "USB Serial" or "UART").
If you can't find it, you may need to install proper USB driver first.

Connecting via WebREPL:
If your device supports WebREPL, first connect via serial, make sure WebREPL is enabled
(import webrepl_setup), connect your computer and device to same network and select
< WebREPL > below

Port or WebREPL
Board CDC @ COM5                                                       ▼

x Interrupt working program on connect
x Synchronize device's real time clock
x Use local time in real time clock
x Restart interpreter before running a script

                                               Install or update MicroPython

                                                   OK              Cancel
```

圖 31 切換開發板連接埠

如下圖所示，接下來使用裝置管理員來確定，樹莓派 PICO W 開發板(Raspberry Pi Pico W)與 USB 連接之通訊埠是哪一個，本書使用 通訊埠 COM5，由於電腦作業系統的問題，本書後面的通訊埠不一定一直是通訊埠 COM5，如果讀者看到不同的通訊埠 COM XX，那是筆者在後面寫書過程中，Windows 作業系統因素，變更了通訊埠 COM5 為通訊埠 COM XX，讀者如果遇到了相同問題，請如筆者一樣，依現況自行變更通訊埠 COM XX 為合適的通訊埠連接。

~ 25 ~

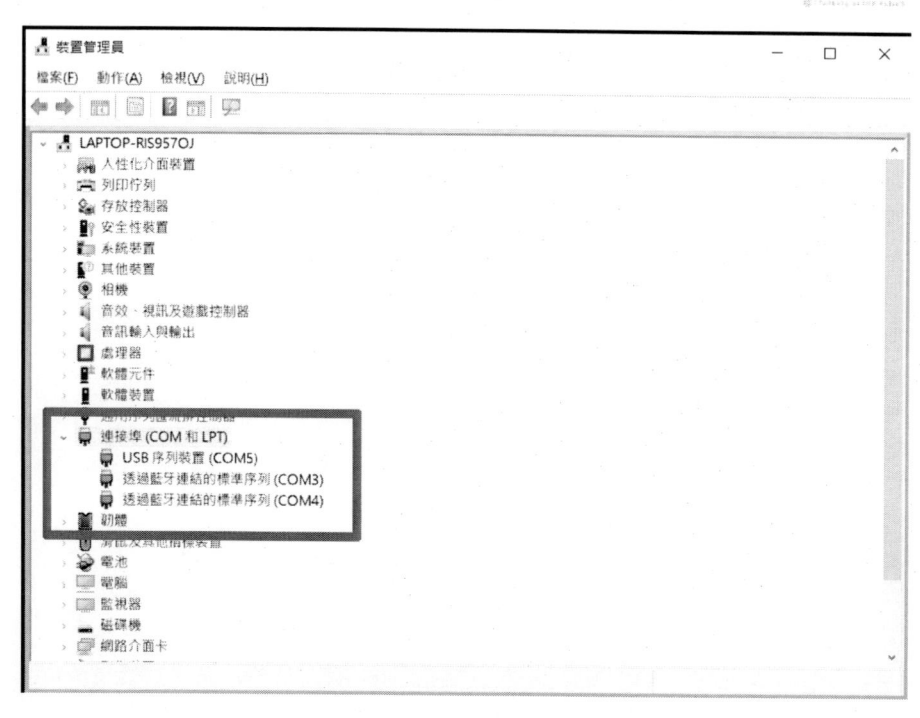

圖 32 裝置管理員通訊埠清單

　　如下圖所示，本書在設定時，使用通訊埠 COM5，由於電腦作業系統的問題，本書後面的通訊埠不一定一直是通訊埠 COM5，所以本次設定為通訊埠 COM5。

圖 33 PICOW 連接之通訊埠

　　如下圖所示，請點樹莓派 PICO W 開發板(Raspberry Pi Pico W)通訊埠連接埠

選項，可以看到可以選擇的許多通訊埠選項，其中通訊埠 COM5 應該一定會在選項之中，如果沒有看到，請重開Ｔｈｏｎｎｙ開發工具。

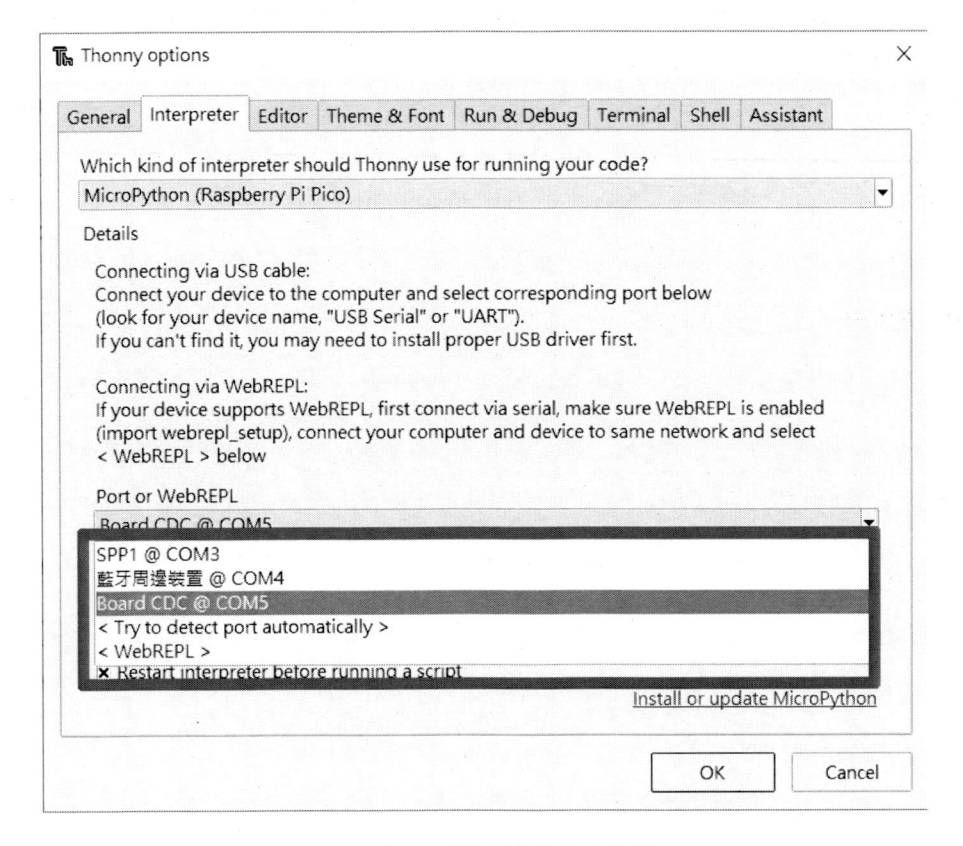

圖 34 可選到連接埠之清單

如下圖所示，點開樹莓派 PICO W 開發板(Raspberry Pi Pico W)通訊埠連接埠之後有許多通訊埠選項，請依據裝置管理員的通訊埠設定，本書為通訊埠 COM5，所以選擇通訊埠 COM5 完成設定。

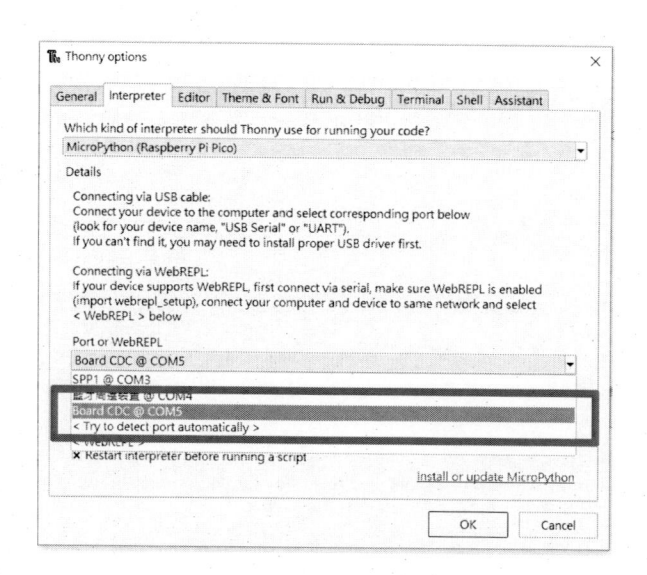

圖 35 選擇 PICOW 對應通訊埠

如下圖所示，完成樹莓派 PICO W 開發板(Raspberry Pi Pico W)之 MicroPython 開發軟體版本與開發通訊埠選項之畫面。

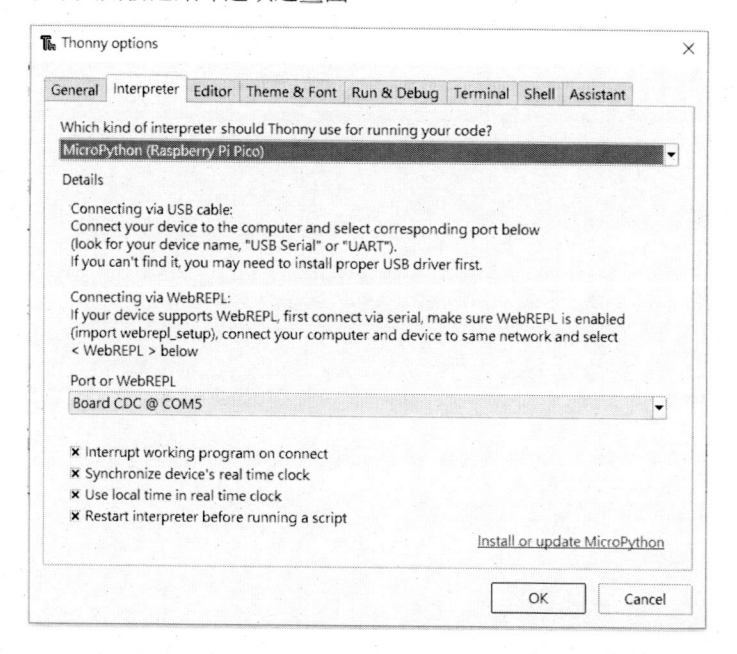

圖 36 設定好樹莓派 PICO W 開發板之軟體版本與開發本

~ 28 ~

如上圖所示，按下『ＯＫ』確定鈕之後，回到Ｔｈｏｎｎｙ開發軟體介面。

圖 37 回到 Thonny 主畫面

如下圖所示，請點選『View 檢視』菜單後，請選取『Files 檔案』。

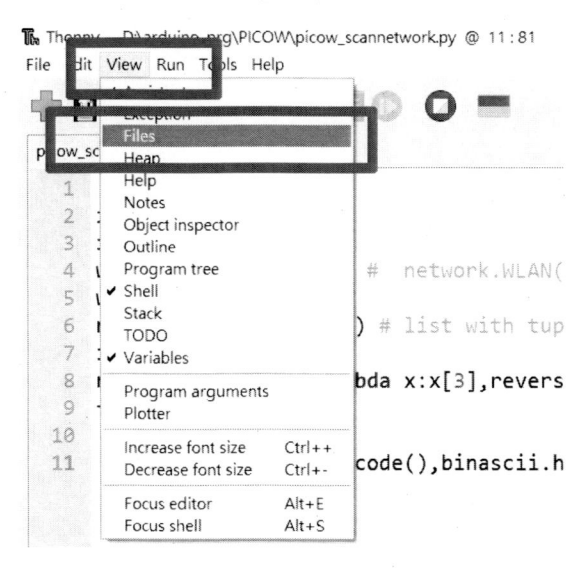

圖 38 叫出檔案視窗

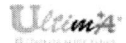

如下圖所示，請回到 Thonny 開發軟體視窗中。

圖 39 再回到 Thonny 主畫面

如下圖所示，就可以 Thonny 開發軟體視窗中，在左側可以看到如同檔案總管一樣的檔案管理視窗。

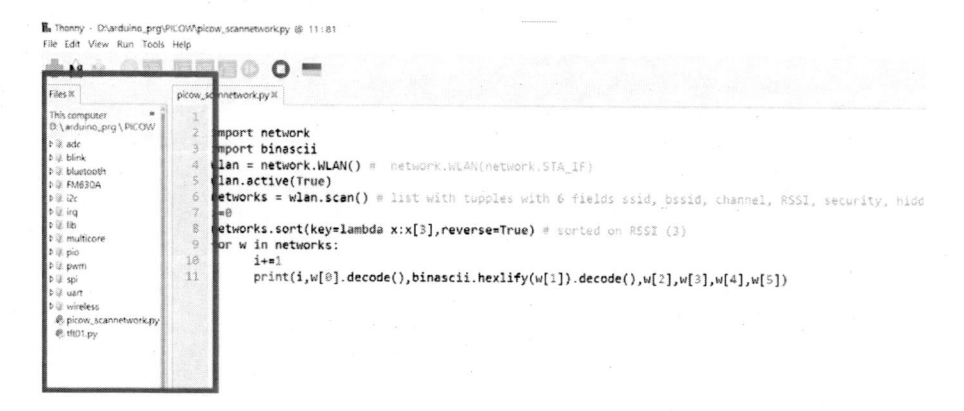

圖 40 已出現檔案視窗介面

如下圖所示，有可能沒有看到樹莓派 PICO W 開發板(Raspberry Pi Pico W)的裝置之檔案管理視窗。

~ 30 ~

圖 41 基本上 Thonny 主畫面應該會連到開發板

　　如下圖所示，如果沒有看到樹莓派 PICO W 開發板(Raspberry Pi Pico W)的裝置之檔案管理視窗，有可能是連接通訊埠問題，或ＵＳＢ連接線問題，最有可能的是：樹莓派 PICO W 開發板(Raspberry Pi Pico W)正在執行某些程式，所以不會出現樹莓派 PICO W 開發板(Raspberry Pi Pico W)的裝置之檔案管理視窗。

圖 42 沒有出現開發板檔案視窗

~ 31 ~

如下圖所示，請先確認是否是：樹莓派 PICO W 開發板(Raspberry Pi Pico W)連接通訊埠問題，或ＵＳＢ連接線問題。

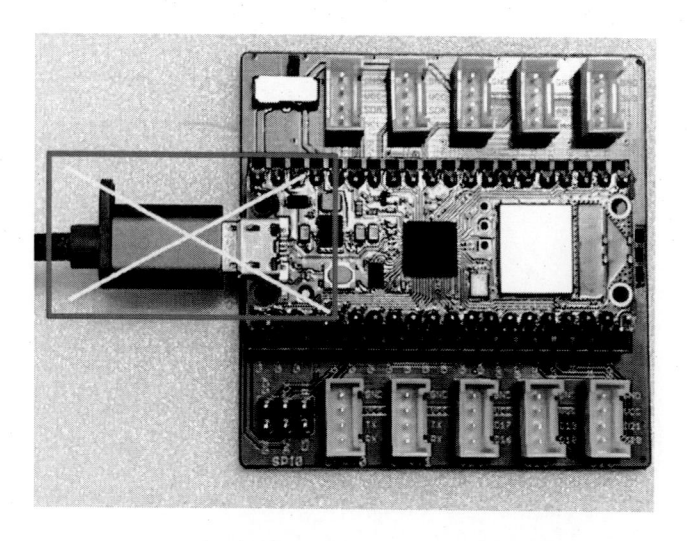

圖 43 PICOW 插上 MicroUSB 失敗不導電

如下圖所示，如果不是樹莓派 PICO W 開發板(Raspberry Pi Pico W)連接通訊埠問題，或ＵＳＢ連接線問題，請觀察下圖之快速按鈕列。

圖 44 查看程式執行圖示

如下圖所示，如果下圖左邊紅框是不可選取的狀態，應該是樹莓派 PICO W 開發板(Raspberry Pi Pico W)正在執行程式。

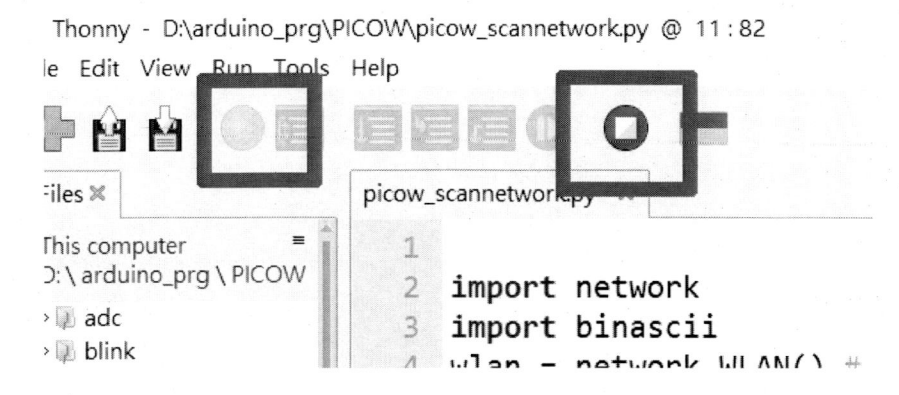

圖 45 查看程式執行圖示是否異常

如上圖所示，如果上左邊紅框是不可選取的狀態，應該是樹莓派 PICO W 開發板(Raspberry Pi Pico W)正在執行程式，所以如下圖所示，請點選左邊紅框『結束執行』的按鈕，可以多點幾次。

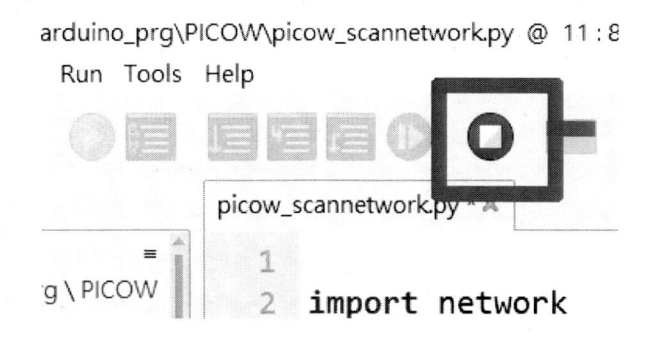

圖 46 停止程式執行

如下圖所示，如果下圖左邊紅框已恢復可選取的狀態，那代表樹莓派 PICO W 開發板(Raspberry Pi Pico W)可以正確與電腦通訊。

圖 47 恢復未執行程式狀態

如下圖所示，如果一切都正常執行與通訊，應該可以看到視窗左邊上方有樹莓派 PICO W 開發板(Raspberry Pi Pico W)的裝置之檔案管理視窗，視窗左邊下方有樹莓派 PICO W 開發板(Raspberry Pi Pico W)的裝置之檔案管理視窗。

圖 48 程式檔案出現之主畫面

如下圖所示，如果一切都正常執行與通訊，應該可以看到視窗左邊上方紅框處有樹莓派 PICO W 開發板(Raspberry Pi Pico W)的裝置之檔案管理視窗，視窗左邊

~ 34 ~

下方紅框處有樹莓派 PICO W 開發板(Raspberry Pi Pico W)的裝置之檔案管理視窗。

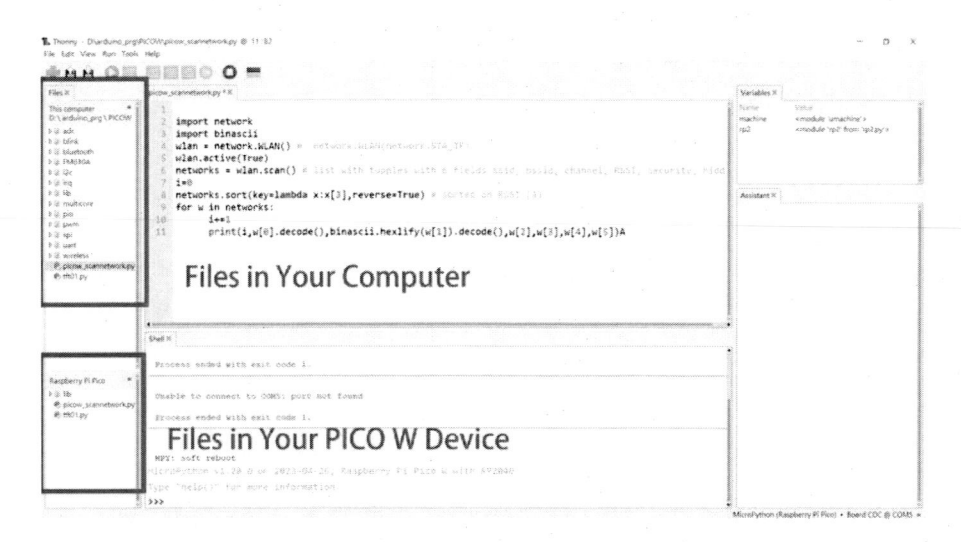

圖 49 正確檔案介面之主畫面

到此，已經完成樹莓派 PICO W 開發板(Raspberry Pi Pico W)與開發電腦的連接了。

燒錄 MicroPython 於樹莓派 PICO W 開發板

由於我們開發的所有程式與系統，最後都是在樹莓派 PICO W 開發板(Raspberry Pi Pico W)裝置端與搭配對應的硬體、韌體、周邊…等，獨立的整合電路一同運行，而不是在使用 Thonny 開發工具可以執行就會保證整合電路時可以正常運行，所以除了要安裝所有的程式與套件，最重要的是必須在樹莓派 PICO W 開發板(Raspberry Pi Pico W)裝置端安裝 MicroPython 直譯器的韌體環境，方能在往後環境正確被執行(Annamaa, 2015)。

確定硬體版本

如下圖所示,將樹莓派 PICO W 開發板(Raspberry Pi Pico W)打開來,從正面往下看,確定他的型號與年份,甚至是版本也要確定,本書使用樹莓派 PICO W 開發板 2022 年版本。

本書使用是樹莓派 PICO W 開發板,是具有 Wi-Fi 連接網際網路功能的開發版,如果讀者使用其他相容於樹莓派 PICO W 開發板,也是可以用的,如果使用樹莓派 PICO 開發板之不具 Wi-Fi 連接網際網路的開發版,也是可以用的,但是該開發板不具 Wi-Fi 連接網際網路功能,所有的上網功能都無法使用,這是讀者必須要注意的。

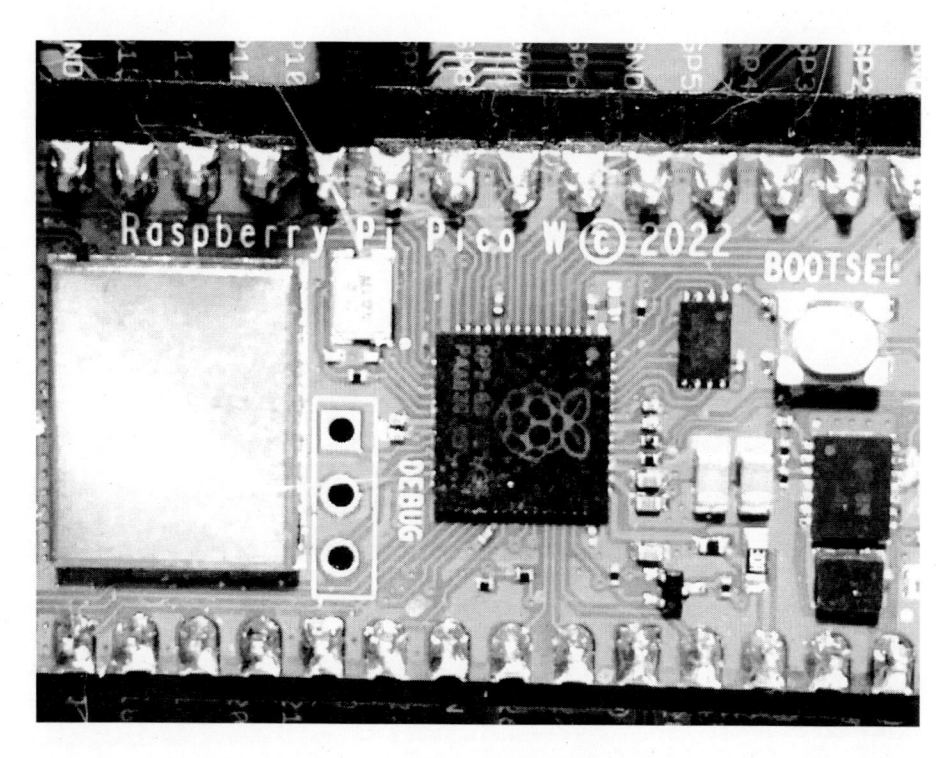

圖 50 確定硬體版本

開啟 Thonny 開發工具進行燒錄 MicroPython for PICO

如下圖所示，請開啟 Thonny 開發 IDE。

圖 51 Thonny 程式主畫面

如下圖所示，我們先進入進入 Options.. 選項。

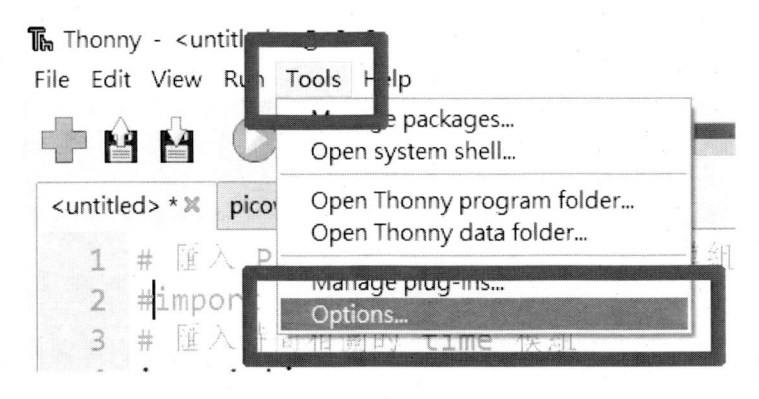

圖 52 進入設定選項

如下圖所示，為 Thonny 設定選項畫面，許多開發整合軟體之相關設定，都在這個畫面不同的頁籤項目可以進行設定。

圖 53 Thonny 設定選項畫面

如下圖紅框處所示，我們可以點選紅框處之編譯直譯器(Interpreter)頁籤。

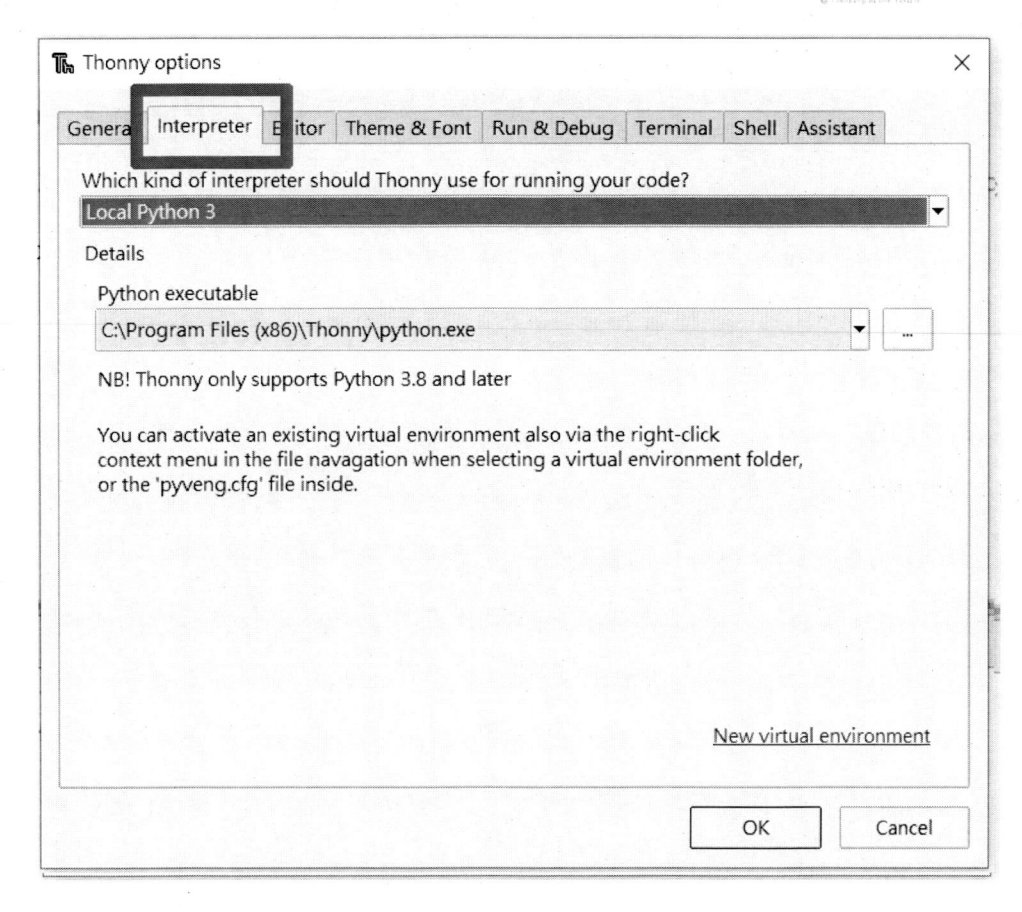

圖 54 切換直譯器選項

　　如下圖所示，再直譯器選項頁面中，點選下圖紅框處，會出現可以選擇之 Python/MicroPython 等不同選項畫面。

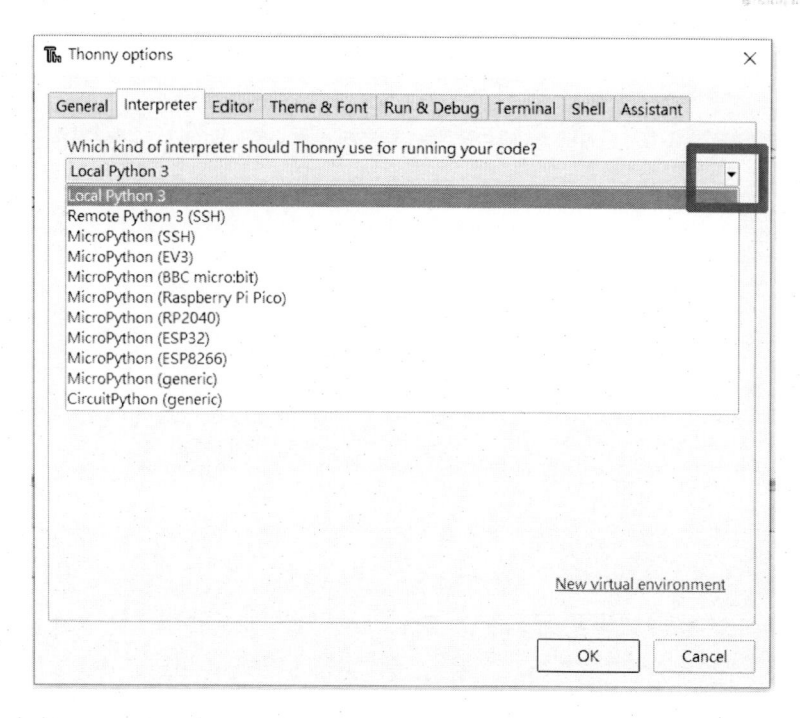

圖 55 切換直譯器

　　如下圖所示，點選上圖紅框處後，會出現下圖紅框出列出可以選擇之 Python/MicroPython 等不同直譯器名稱選項。

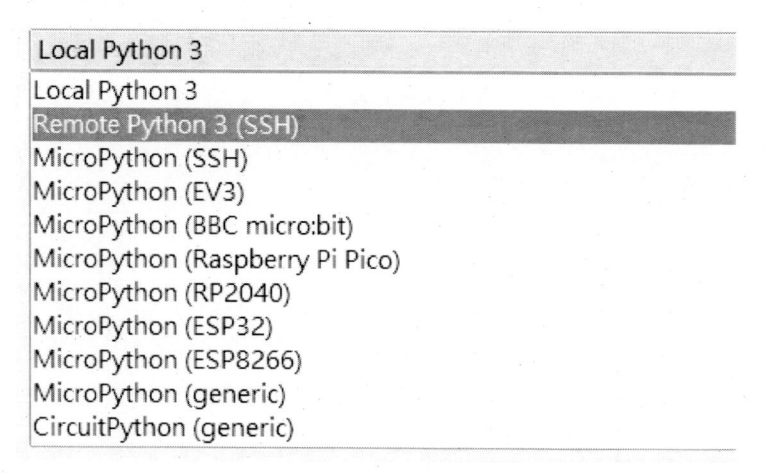

圖 56 可使用編譯器選項清單

如下圖所示，請點選下圖紅框出列出之 MicroPython(Raspberry Pi Pico 直譯器名稱選項。

```
Local Python 3
Local Python 3
Remote Python 3 (SSH)
MicroPython (SSH)
MicroPython (EV3)
MicroPython (BBC micro:bit)
MicroPython (Raspberry Pi Pico)
MicroPython (RP2040)
MicroPython (ESP32)
MicroPython (ESP8266)
MicroPython (generic)
CircuitPython (generic)
```

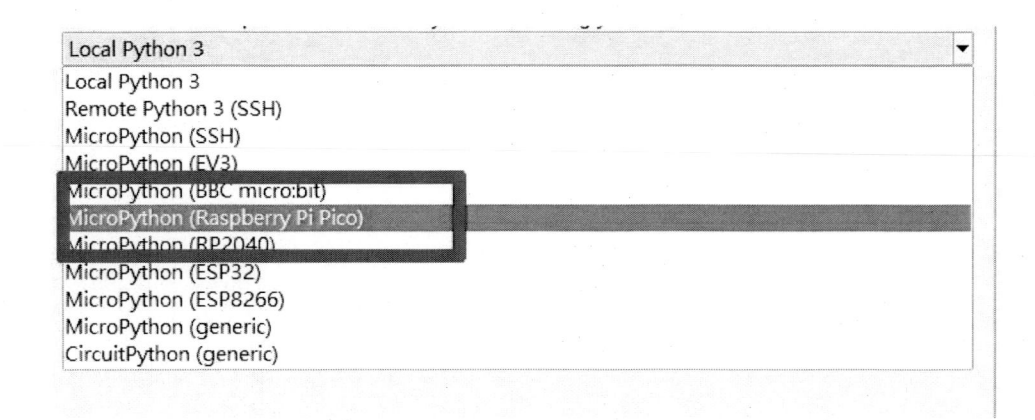

圖 57 選擇 PICO 選項

如下圖所示，我們點選紅框處之『MicroPython(Raspberry Pi Pico)』，雖然本書使用樹莓派 PICO W 開發板(Raspberry Pi Pico W)，但是樹莓派 PICO 開發板(Raspberry Pi Pico)與樹莓派 PICO W 開發板(Raspberry Pi Pico W)差異在網路所以在目前還沒有專用樹莓派 PICO W 開發板(Raspberry Pi Pico W)的 MicroPython 版本，所以使用樹莓派 PICO 開發板(Raspberry Pi Pico)進行安裝，在使用 Wi-Fi 的套件，依樣可以完成本書所有開發程式。

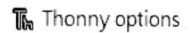

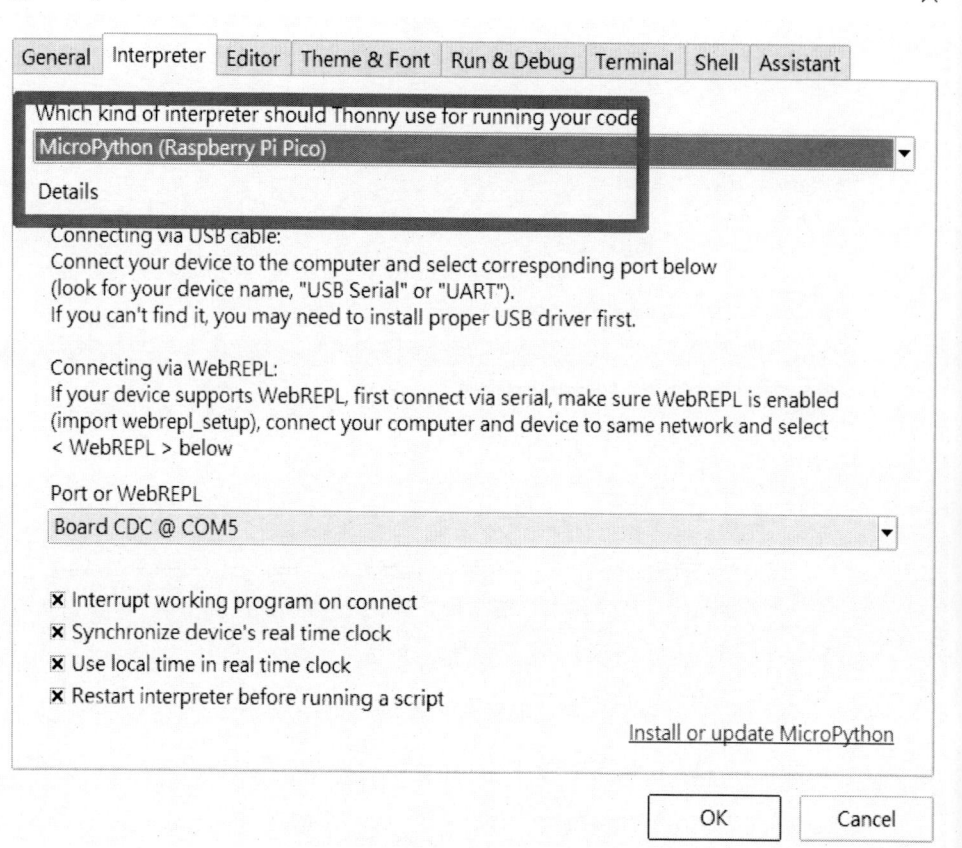

圖 58 切換 PICO 專用編譯器

如下圖所示，我們可以看到完成樹莓派 PICO W 開發板(Raspberry Pi Pico W)的 Python 版本設定後，請點選下圖紅框處，設定樹莓派 PICO W 開發板(Raspberry Pi Pico W)的的連接通訊埠。

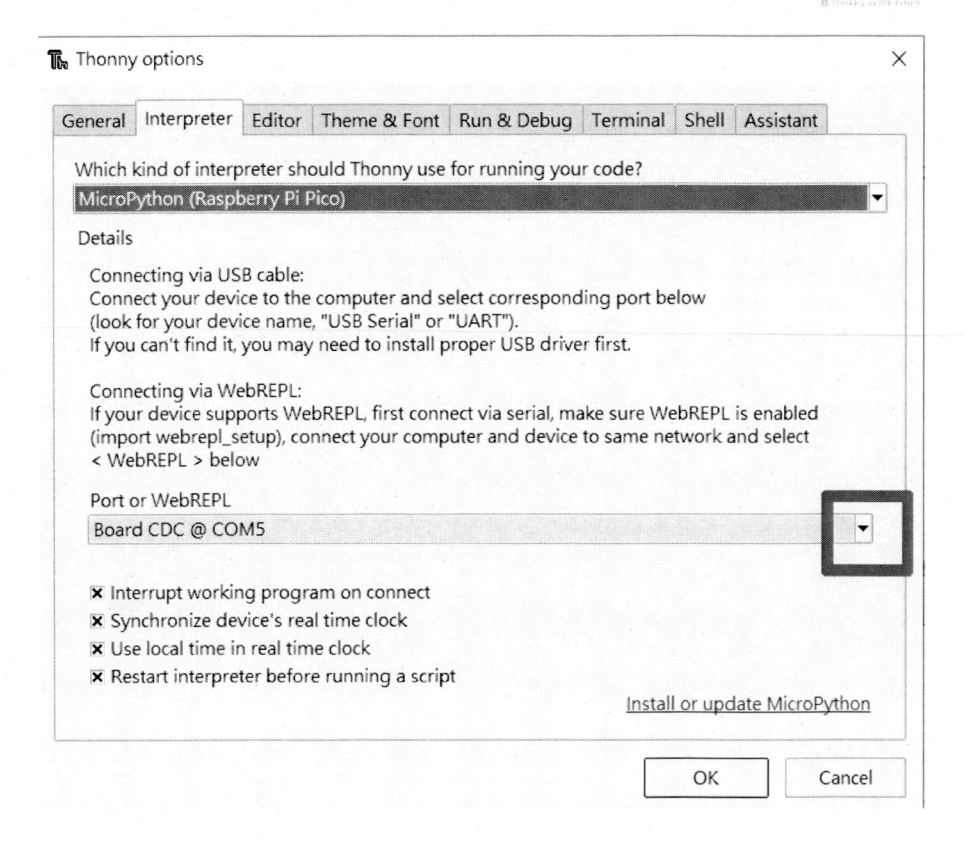

圖 59 切換開發板連接埠

如下圖所示，接下來使用『裝置管理員』來確定，樹莓派 PICO W 開發板 (Raspberry Pi Pico W)與 USB 連接之通訊埠是哪一個，本書使用『通訊埠 COM5』，由於電腦作業系統的問題，本書後面的通訊埠不一定一直是通訊埠 COM5，如果讀者看到不同的通訊埠 COM XX，那是筆者在後面寫書過程中，Windows 作業系統因素，筆者開發的電腦自行變更了通訊埠 COM5 為通訊埠 COM XX，讀者如果遇到了相同問題，請如筆者一樣，依現況自行變更通訊埠 COM XX 為合適的通訊埠連接。

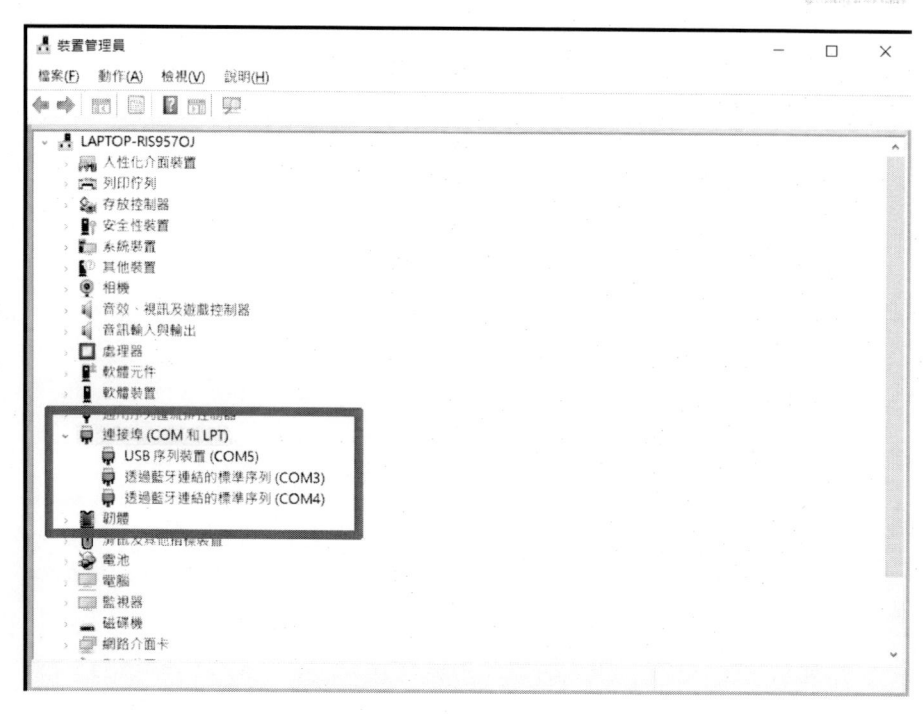

圖 60 裝置管理員通訊埠清單

如下圖所示，本書在設定時，使用『通訊埠 COM5』，由於電腦作業系統的問題，本書後面的通訊埠不一定一直是通訊埠 COM5，所以本次設定為『通訊埠 COM5』。

圖 61 PICOW 連接之通訊埠

如下圖所示，請點樹莓派 PICO W 開發板(Raspberry Pi Pico W)通訊埠連接埠選項，可以看到可以選擇的許多通訊埠選項，其中通訊埠 COM5 應該一定會在選項之中，如果沒有看到，請重開 Ｔｈｏｎｎｙ 開發工具。

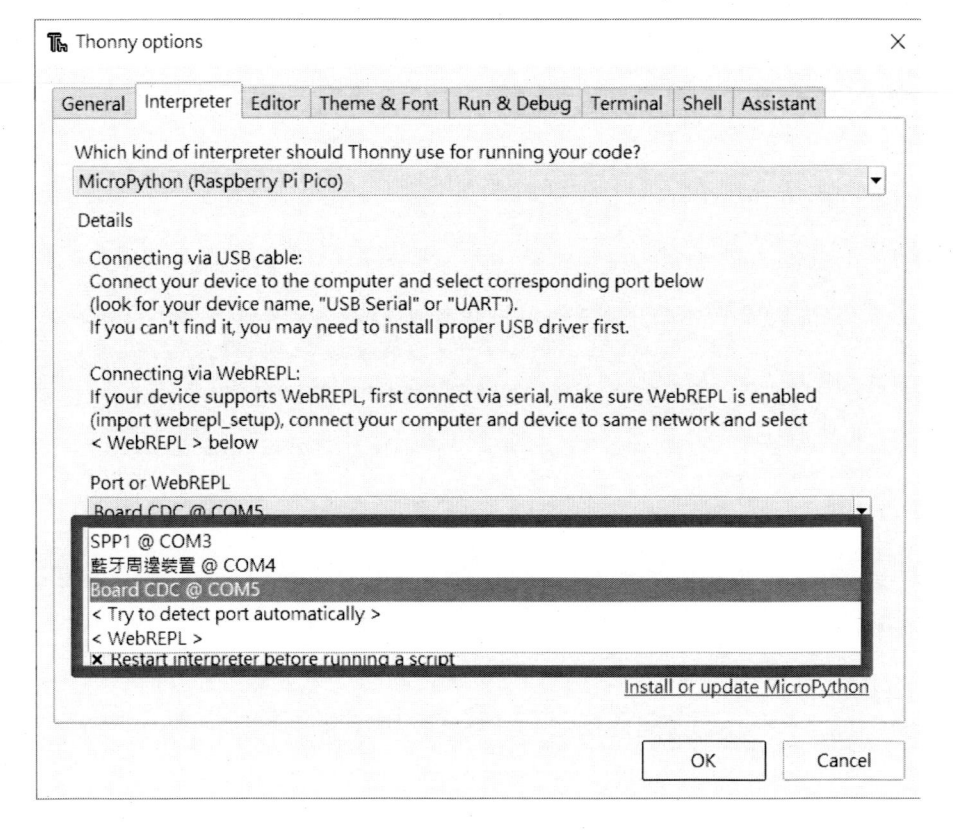

圖 62 可選到連接埠之清單

如下圖所示，點開樹莓派 PICO W 開發板(Raspberry Pi Pico W)通訊埠連接埠之後有許多通訊埠選項，請依據『裝置管理員』的通訊埠設定，本書為『通訊埠 COM5』，所以選擇通訊埠 COM5 完成設定。

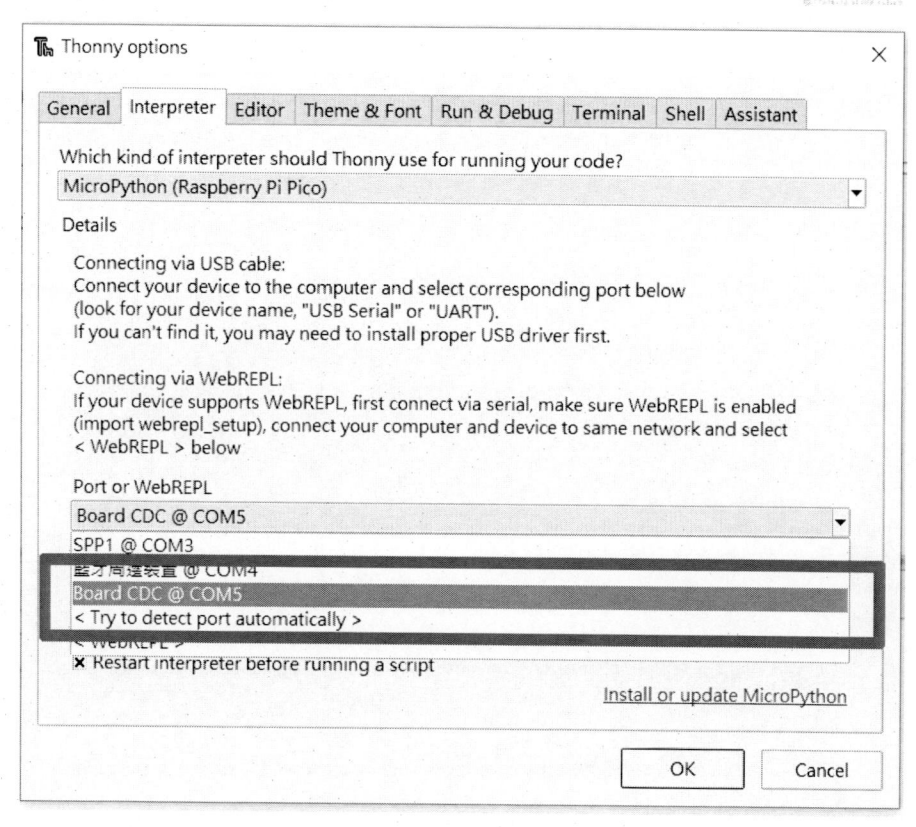

圖 63 選擇 PICOW 對應通訊埠

　　如下圖所示，完成樹莓派 PICO W 開發板(Raspberry Pi Pico W)之 MicroPython 開發軟體版本與開發通訊埠選項之畫面。

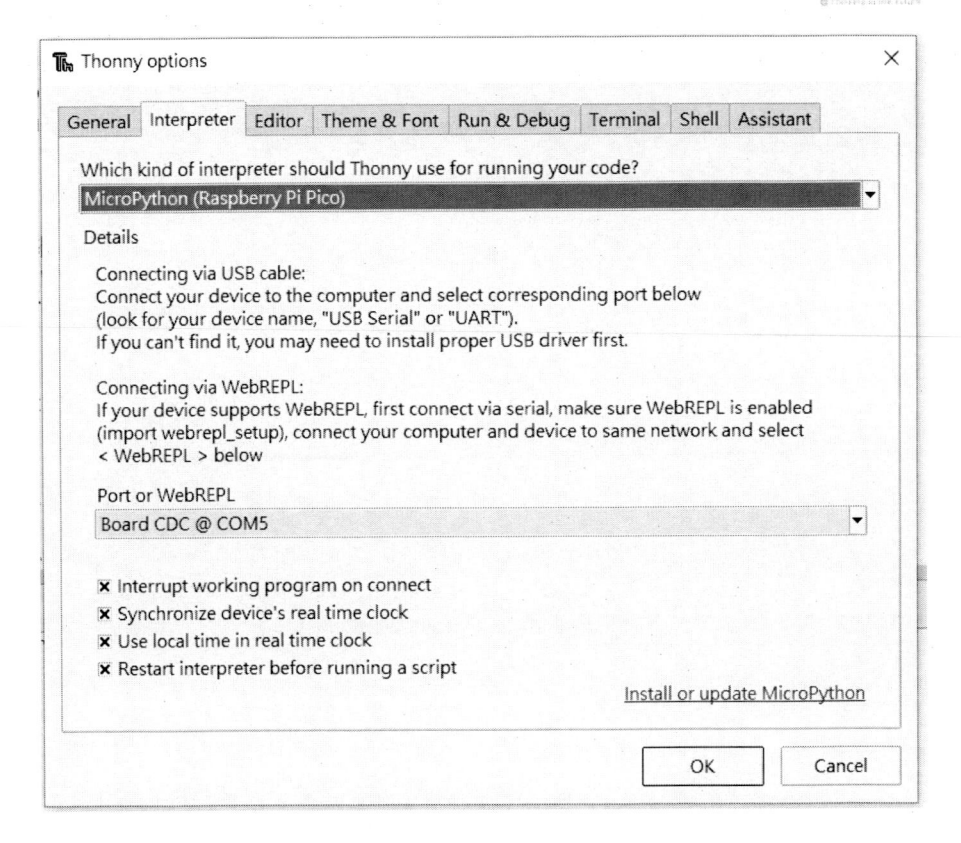

圖 64 設定好樹莓派 PICO W 開發板之軟體版本與開發本

如下圖所示，可以在下圖紅框處，可以看到『Install or Update MicroPython/安裝或更新 MicroPython』的選項，為了安裝樹莓派 PICO W 開發板(Raspberry Pi Pico W)之最新板之 MicroPython 開發軟體版本，請點選該選項。

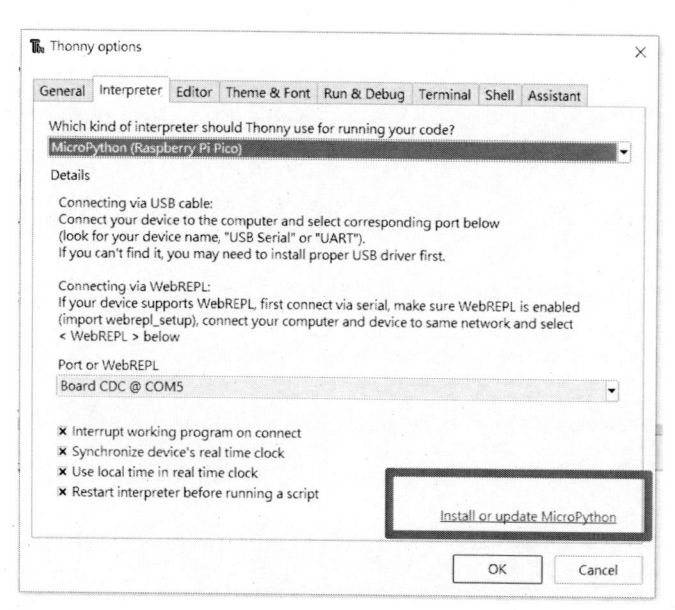

圖 65 點選安裝或更新 MicroPython

如下圖所示，出現安裝或更新 MicroPython 的主畫面。

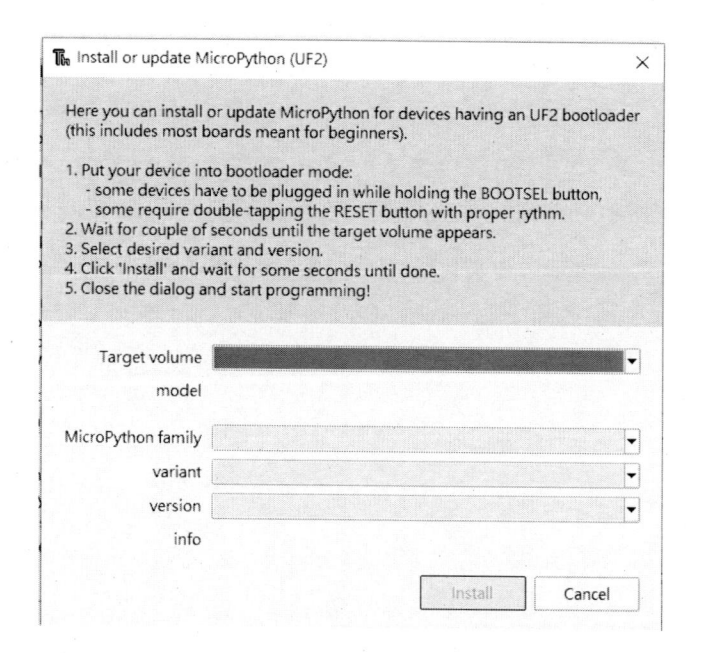

圖 66 安裝或更新 MicroPython 畫面

但是如上圖所示，我們發現完全無法選到任何選項，來進行安裝韌體或 MicroPython 韌體到樹莓派 PICO W 開發板(Raspberry Pi Pico W)，因為樹莓派 PICO W 開發板(Raspberry Pi Pico W)沒有進入燒錄模式，關於燒錄模式，下節會一一介紹。

進入燒錄模式

如下圖所示，出現安裝或更新 MicroPython 的主畫面，發現沒有任何選項可以選，安裝的韌體是甚麼版本也都看不到，這是因為我們未進入樹莓派 PICO W 開發板(Raspberry Pi Pico W)的燒錄模式（Burning Mode）。

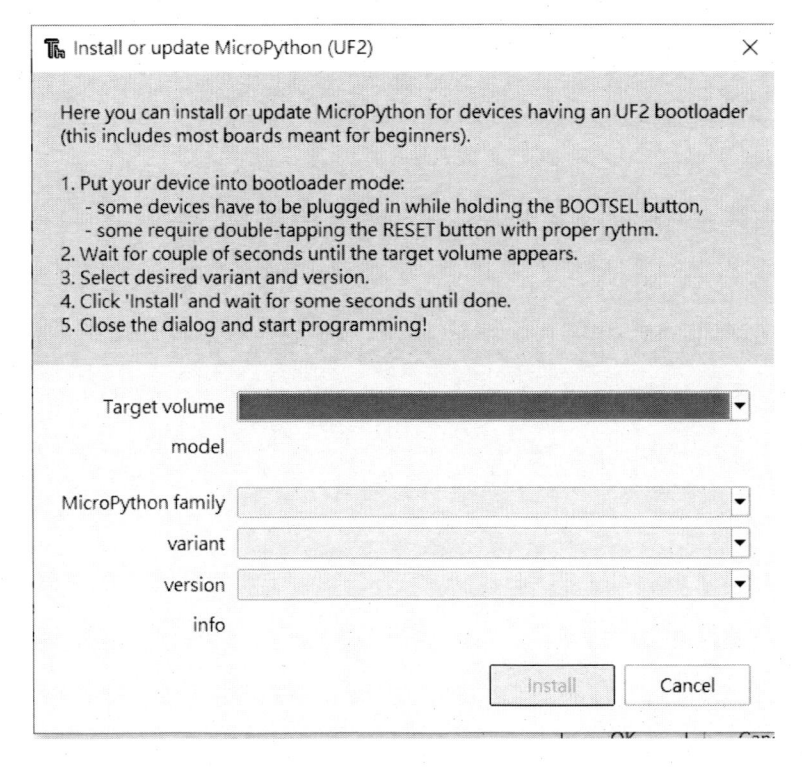

圖 67 安裝或更新 MicroPython 畫面

如下圖所示，如果樹莓派 PICO W 開發板(Raspberry Pi Pico W)以插上 M

~ 49 ~

icroUSB 連接線，並與電腦連線中。

如下圖所示，將樹莓派 PICO W 開發板(Raspberry Pi Pico W)透過 USB 連接線接上電腦。

圖 68 樹莓派 PICO W 開發板連上 USB 線

如下圖所示，請移除上 Ｍ ｉ ｃ ｒ ｏ Ｕ Ｓ Ｂ 連接線，不可以有任何連接線與樹莓派 PICO W 開發板(Raspberry Pi Pico W)連接，且樹莓派 PICO W 開發板(Raspberry Pi Pico W)也不可以插入或供給任何電力，讓樹莓派 PICO W 開發板(Raspberry Pi Pico W)在無電力與未啟動之狀態。

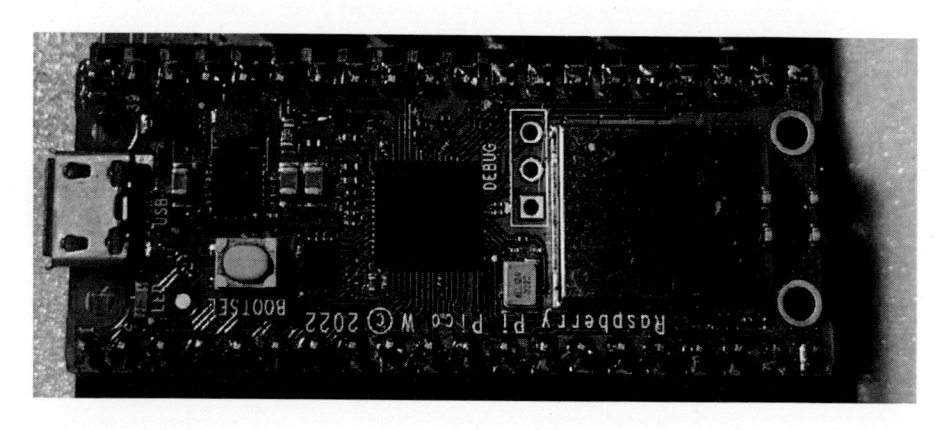

圖 69 拔下 MicroUSB 線

如下圖所示，可以看到樹莓派 PICO W 開發板(Raspberry Pi Pico W) 已在無連

接狀態。

圖 70 無連接狀態之開發板

如下圖所示，下圖紅框處，是樹莓派 PICO W 開發板(Raspberry Pi Pico W)之燒錄按鈕，該按鈕會協助開發者讓莓派 PICO W 開發板(Raspberry Pi Pico W)進入燒錄模式。

圖 71 進入燒錄模式之燒錄按鈕

如下圖所示，讓莓派 PICO W 開發板(Raspberry Pi Pico W)在無電力供應狀態，請用手指或任何工具，按下上圖紅框處所示之進入燒錄模式之燒錄按鈕，如下圖所

示之狀態，使用您的手指或其他可以壓住按鈕工具，壓住該按鈕不鬆開該按鈕之狀態。

圖 72 請按下燒錄模式之燒錄按鈕

如下圖所示，讓樹莓派 PICO W 開發板(Raspberry Pi Pico W)在用手指或任何工具，按下進入燒錄模式之燒錄按鈕之狀態(不可以移開手指或工具)，請保持在壓住該按鈕不鬆開該按鈕之狀態，在這樣的狀態下插入 MicroUSB 線於樹莓派 PICO W 開發板(Raspberry Pi Pico W)之 MicroUSB 接口，並將另一端 USB 線插入電腦之 USB 接口，讓樹莓派 PICO W 開發板(Raspberry Pi Pico W)在壓住該按鈕不鬆開該按鈕之狀態下，接受電源之供電與連接下，進入開機模式完成開機。

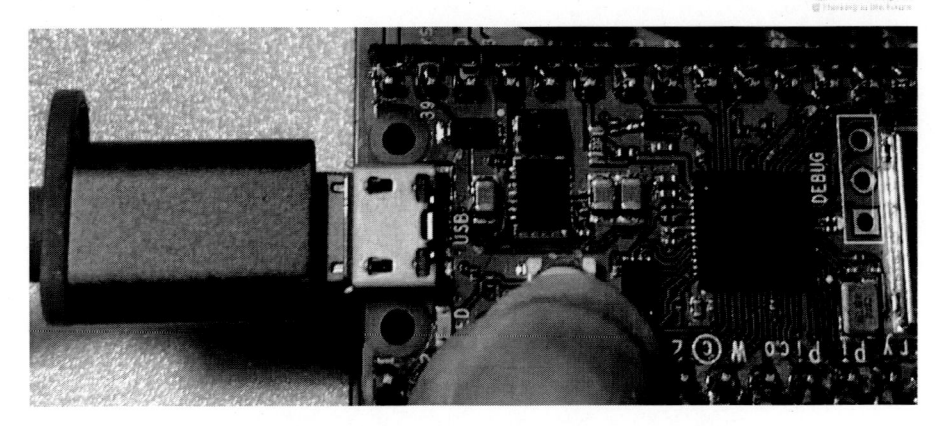

圖 73 在按下燒錄模式之燒錄按鈕下插入 USB 線

　　如下圖所示，完成樹莓派 PICO W 開發板(Raspberry Pi Pico W)接受電源之供電與連接下，進入開機模式完成開機後，可以將手指或工具，移開『按下燒錄模式之燒錄按鈕』(如圖 71 所示)，但仍要讓樹莓派 PICO W 開發板(Raspberry Pi Pico W)接受電源之供電與連接下，維持在開機啟動後的狀態。

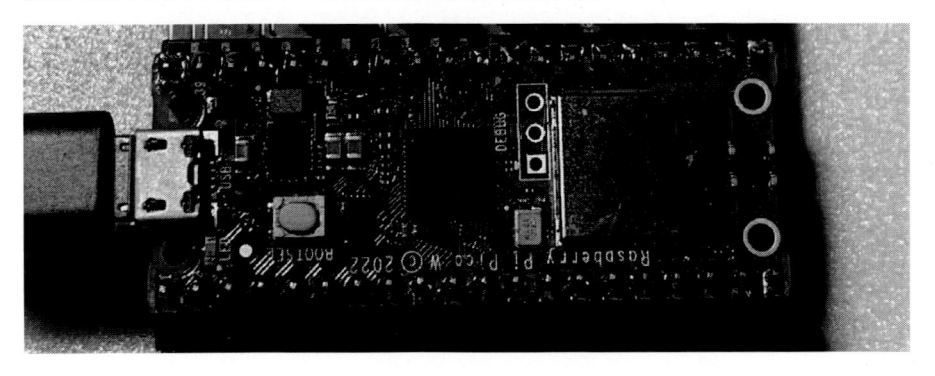

圖 74 放開燒錄模式之燒錄按鈕

　　接下來回到開發者電腦，如下圖所示，可以看到 Windows 作業下統，開啟其檔案總管，可以看到增加了一台磁碟機。

~ 53 ~

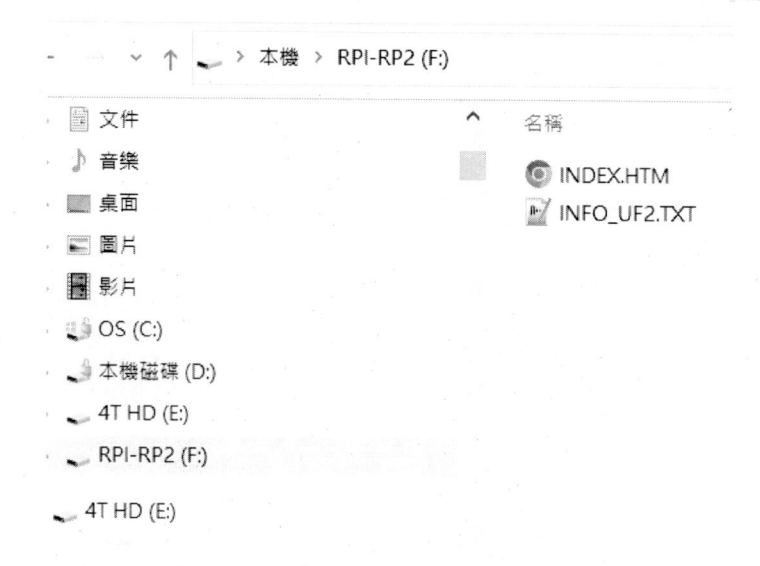

圖 75 進入燒錄模式出換 RPI-RP2 磁碟機

如下圖所示，可以看到 Windows 作業下統，開啟其檔案總管，可以看到增加了一台磁碟機，可以看到新增加的磁碟機名稱為『RPI-RP2』，也可以在該磁碟機下下圖右邊紅框處的檔案。

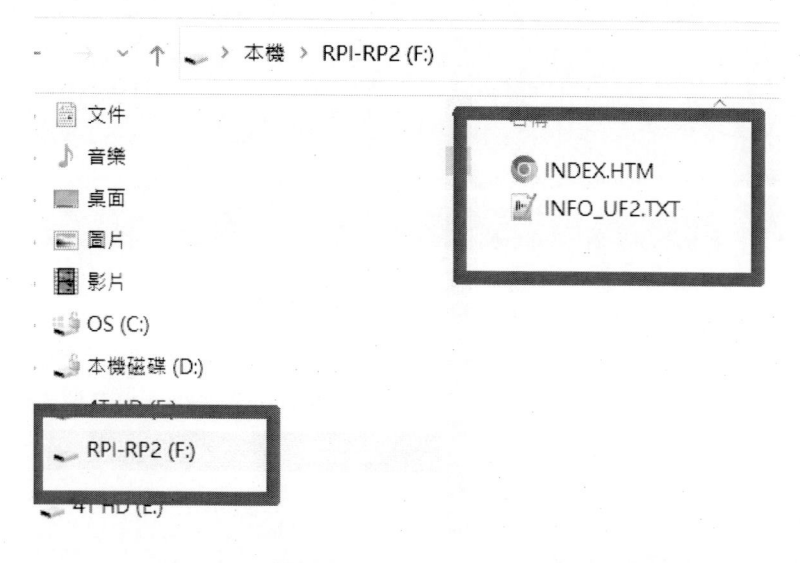

圖 76 進入燒錄模式出換 RPI-RP2 磁碟機(紅框表示)

~ 54 ~

如下圖所示，請回到或重新開啟 Thonny 開發工具之燒錄 MicroPython 韌體之畫面(如圖 67 所示)，讀者可以回透看看如何進入 Thonny 開發工具之燒錄 MicroPython 韌體之畫面。

如下圖所示，可以看到 Thonny 開發工具之燒錄 MicroPython 韌體之畫面，已經不是空白無法選擇的畫面，已經出現許多可以設定燒錄韌體的許多選項。

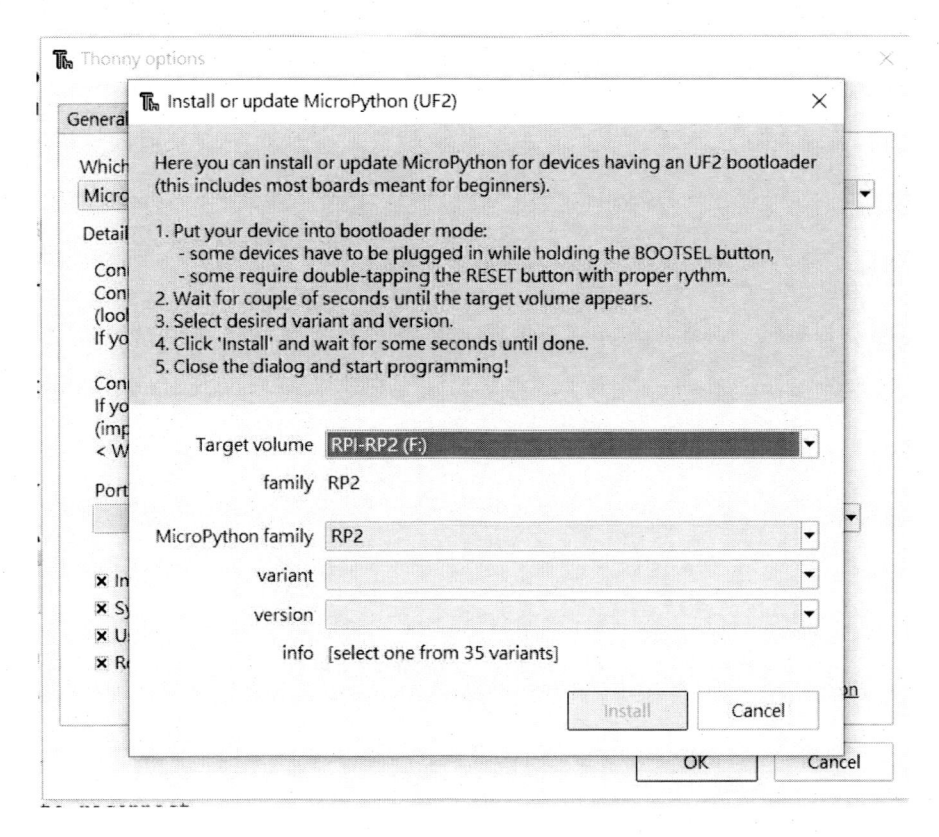

圖 77 進入燒錄模式之安裝或更新 MicroPython 畫面

如下圖所示，在紅框處，先必須選擇安裝 MicroPython 開發軟體版本之燒錄空間區。

~ 55 ~

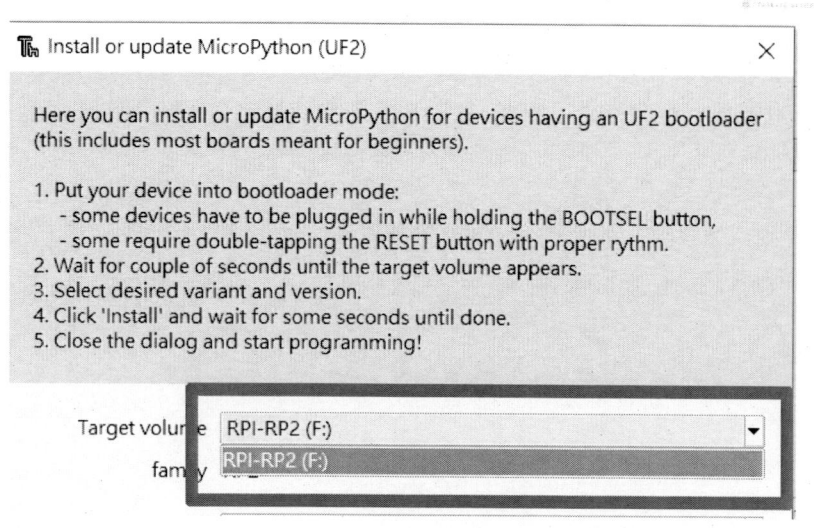

圖 78 選擇燒錄空間區

如下圖所示，點選紅框處，選擇點選燒錄版本(MicroPython Family)。

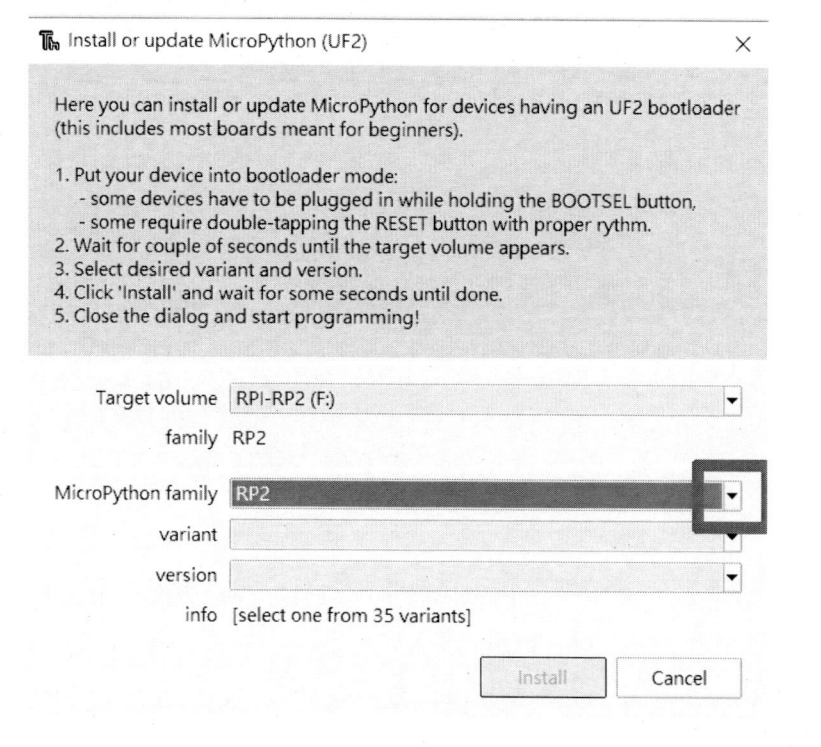

圖 79 點選燒錄版本

~ 56 ~

如下圖所示，可以看到目前樹莓派 PICO W 開發板(Raspberry Pi Pico W)可以安裝之晶片版本，請選擇『RP2』的版本(MicroPython Family)。

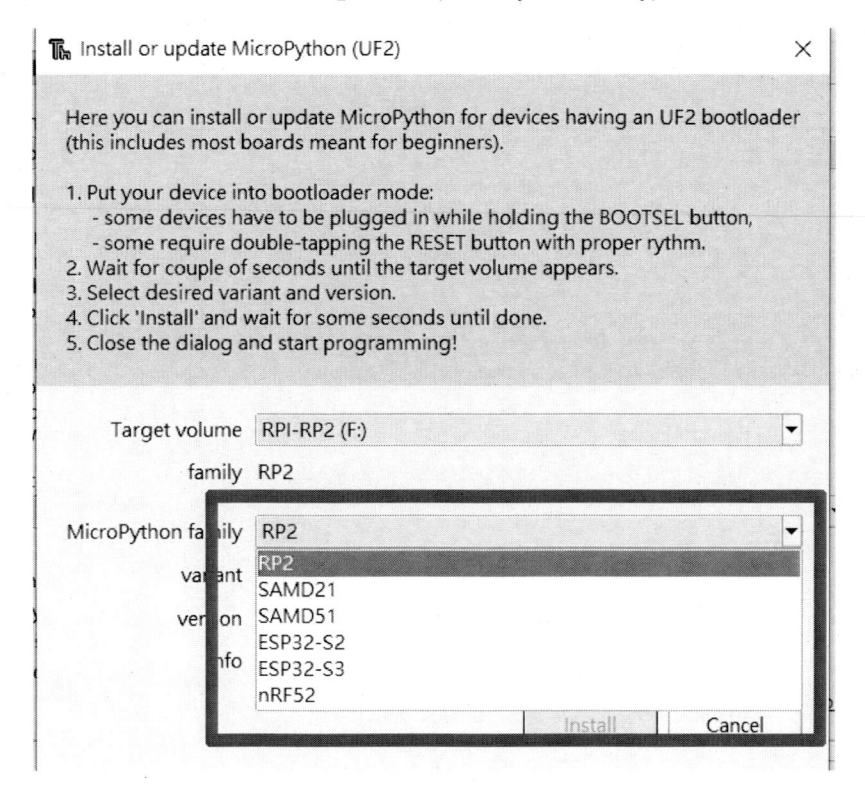

圖 80 出現燒錄版本

如下圖所示，可以看到目前樹莓派 PICO W 開發板(Raspberry Pi Pico W)可以安裝之晶片版本，請選擇『RP2』的版本(MicroPython Family)。

圖 81 選擇 RP2 版本

如下圖所示，必須點選紅框處，呼叫可以安裝之晶片版本(Variant)。

~ 57 ~

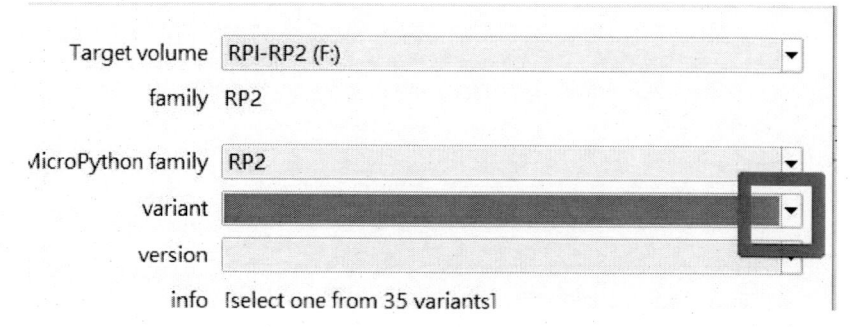

圖 82 點選晶片版本

如下圖所示，會出現可以安裝之晶片版本於下列紅框處(Variant)。

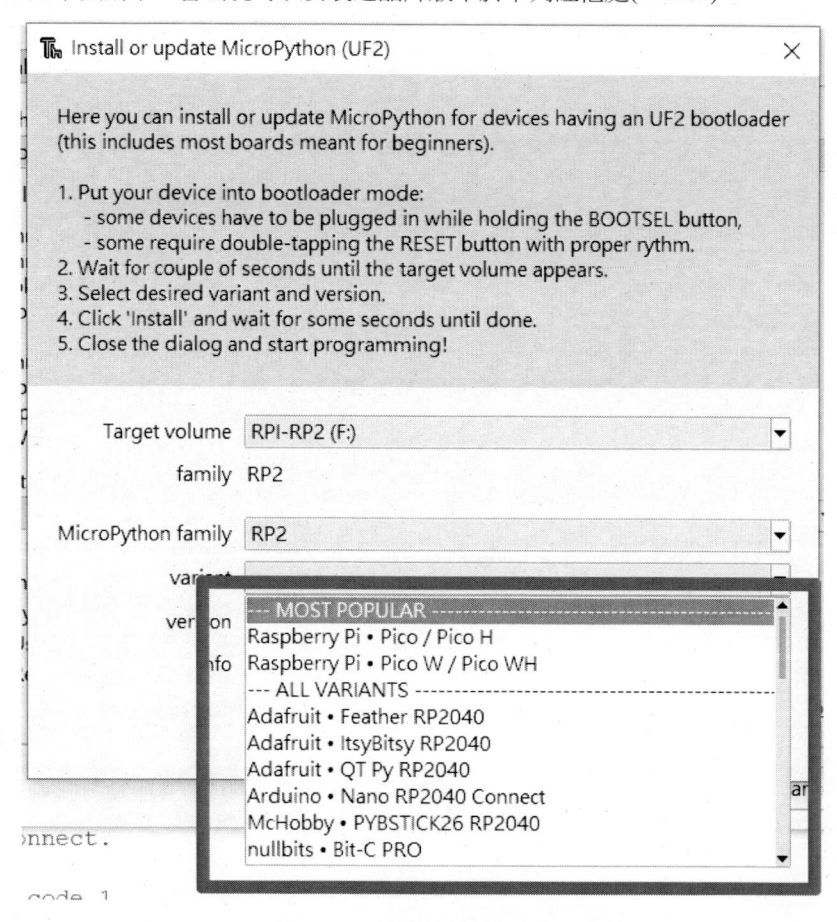

圖 83 出現可選擇之晶片版本

~ 58 ~

如下圖所示，請選擇紅框處之 Raspberry Pi Pico W/ Pi Pico WH 之 MicroPython 開發軟體版本(Variant)。

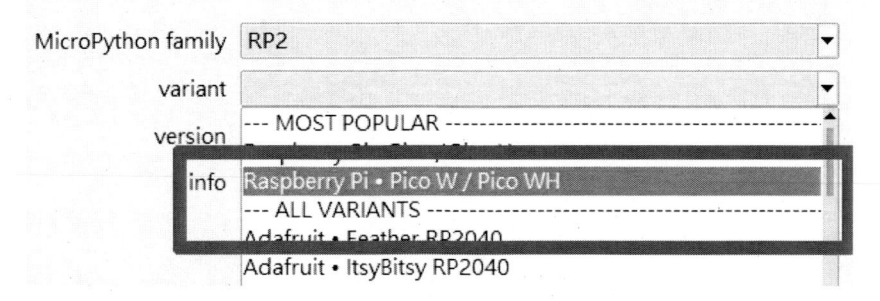

圖 84 選擇 PICOW 晶片版本

如下圖所示，設定好與燒錄之樹莓派 PICO W 開發板(Raspberry Pi Pico W)之 MicroPython 開發軟體版本設定後(Version)。

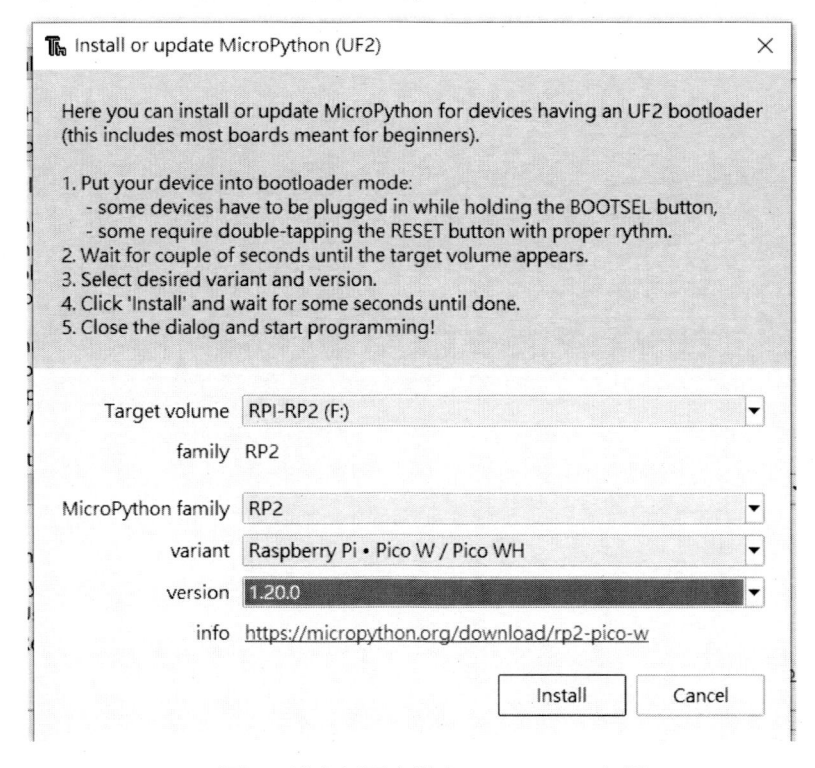

圖 85 設定好要安裝之 MicroPython 韌體

~ 59 ~

如下圖所示，設定好與燒錄之樹莓派 PICO W 開發板(Raspberry Pi Pico W)之 MicroPython 開發軟體版本設定後(Version)。，在 Version 板本處，選擇最新的版本就可以(通常為數字最大的那一個為最新版本)。

由於 MicroPython 會隨著時間，不斷往新的版本前進，請讀者自行衡量使用開發工具的電腦與樹莓派 PICO W 開發板(Raspberry Pi Pico W)的版本與硬體規格，自行決定版本來進行安裝。

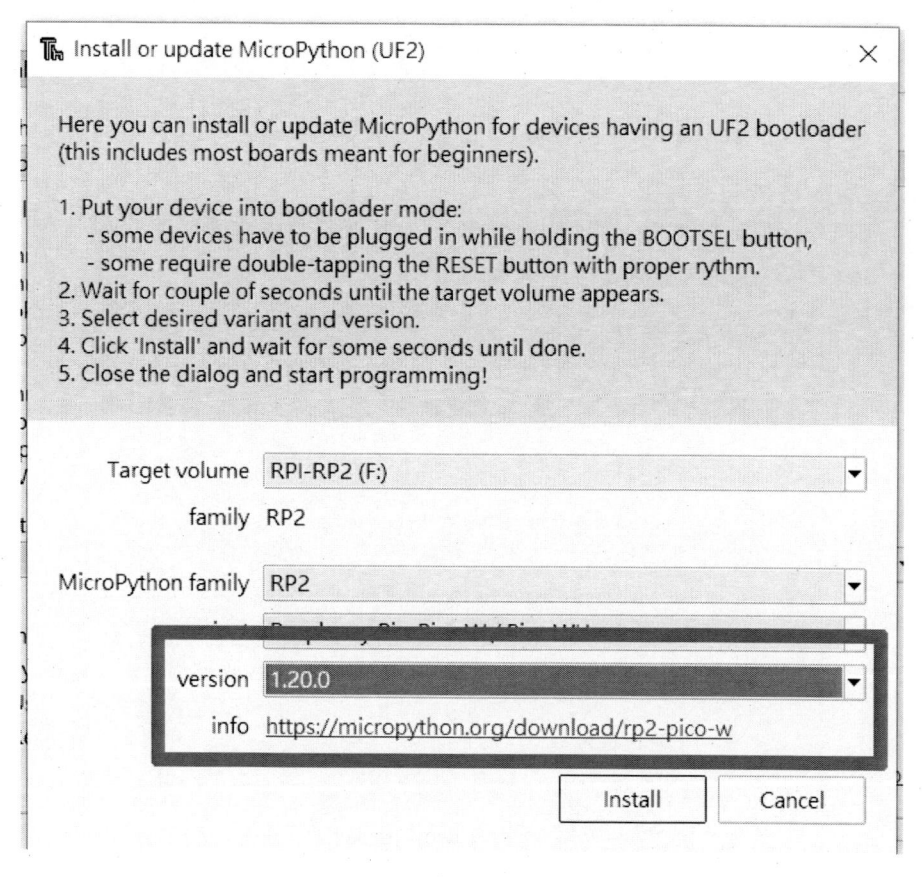

圖 86 設定預設之 MicroPython 韌體版本

如下圖所示，點選紅框處之『Install/安裝』按鈕。

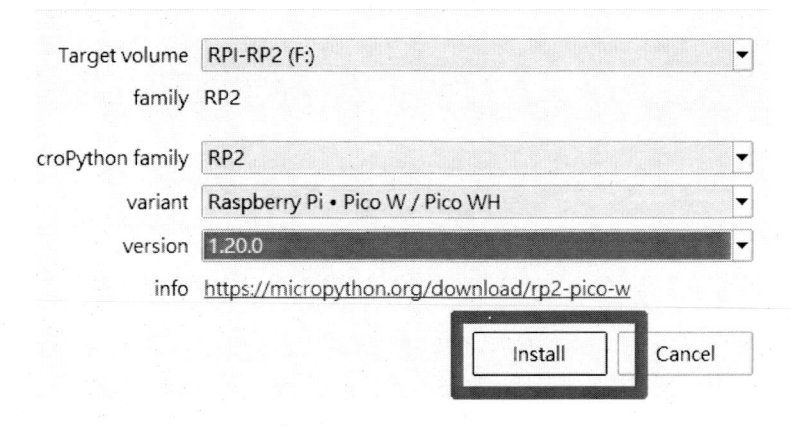

圖 87 點選 Install 安裝

如下圖所示，在紅框處可以看到正在安裝樹莓派 PICO W 開發板(Raspberry Pi Pico W)之 MicroPython 開發軟體。

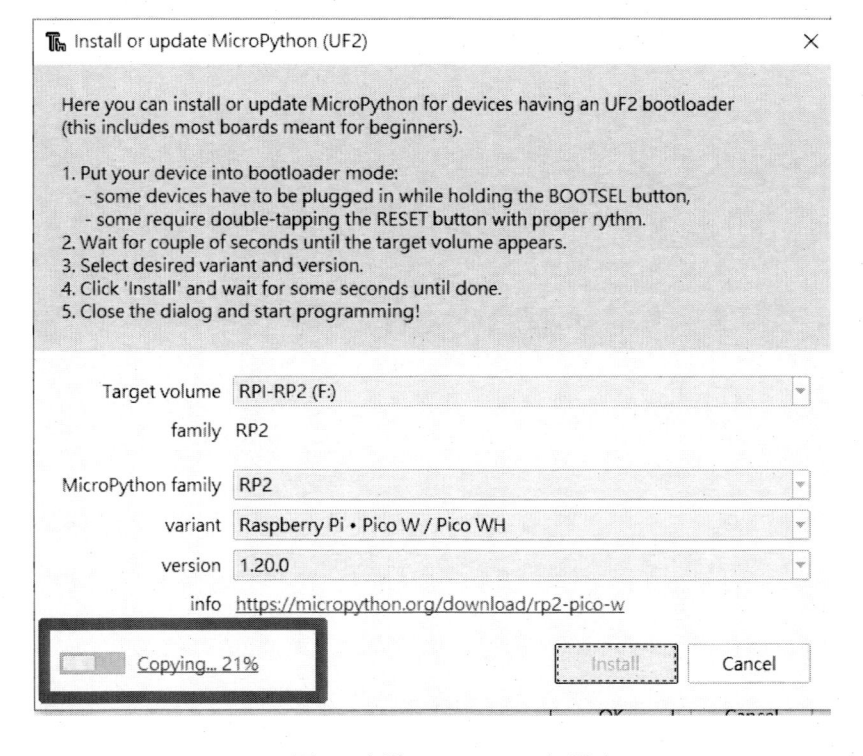

圖 88 安裝 MicroPython 韌體中

如下圖所示，在紅框處可以看到『Done/完成』，代表安裝樹莓派 PICO W 開發板(Raspberry Pi Pico W)之 MicroPython 開發軟體已經完成。

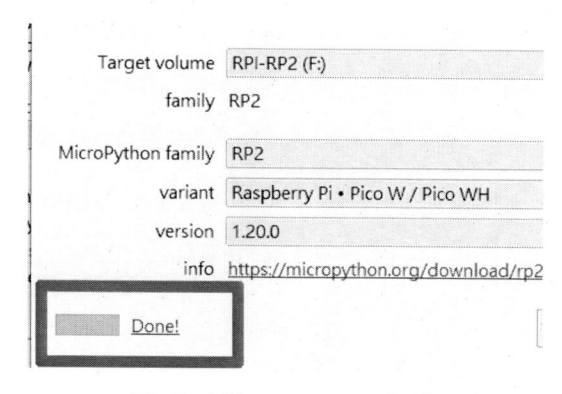

圖 89 安裝 MicroPython 韌體完成

如下圖所示，按下紅框處『Close/關閉』，離開安裝樹莓派 PICO W 開發板(Raspberry Pi Pico W)之 MicroPython 開發畫面。

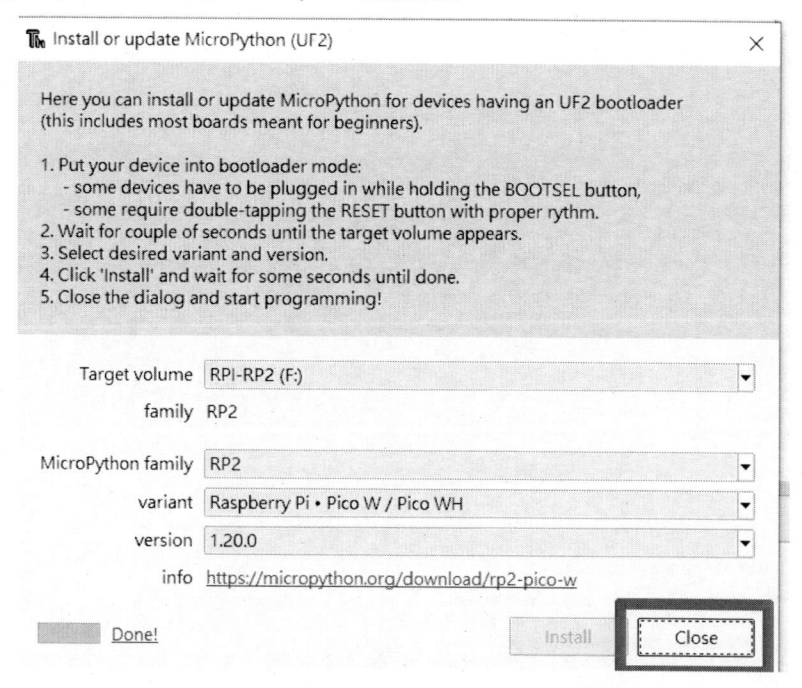

圖 90 離開安裝 MicroPython 韌體畫面

~ 62 ~

如下圖所示，按下紅框處『OK/確定』，離開 Thonny 開發工具之 Optiomn 之選項畫面。

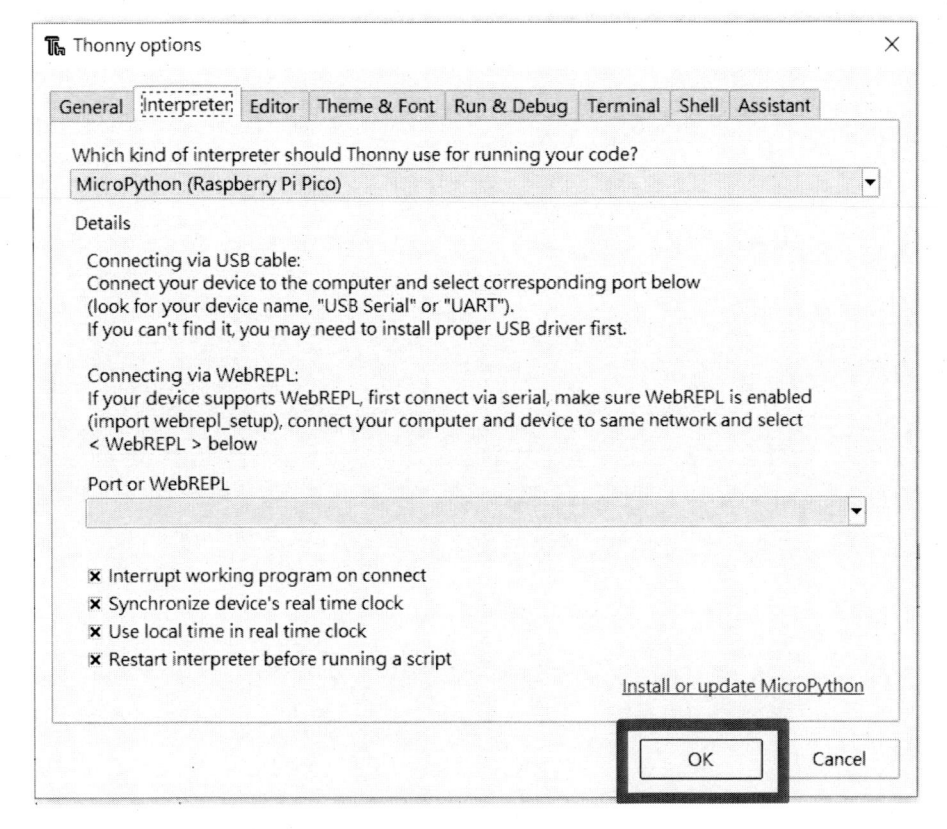

圖 91 完成燒錄 MicroPython 韌體畫面後離開

如下圖所示，完成樹莓派 PICO W 開發板(Raspberry Pi Pico W)之 MicroPython 開發軟體版本燒錄韌體後回到開發工具主畫面。

圖 92 燒錄韌體後回到開發工具主畫面

　　如下圖所示，如果不是第一次安裝樹莓派 PICO W 開發板(Raspberry Pi Pico W)之 MicroPython 開發軟體版本安裝，而是第二次與之後的"安裝樹莓派 PICO W 開發板(Raspberry Pi Pico W)之 MicroPython 開發軟體版本安裝"，則為更新裝樹莓派 PICO W 開發板(Raspberry Pi Pico W)之 MicroPython 開發軟體版本，可以見到並不會因為安裝裝樹莓派 PICO W 開發板(Raspberry Pi Pico W)之 MicroPython 開發軟體，而將原有的樹莓派 PICO W 開發板(Raspberry Pi Pico W)裝置上的 Python 或函式庫與套件複寫或清空。

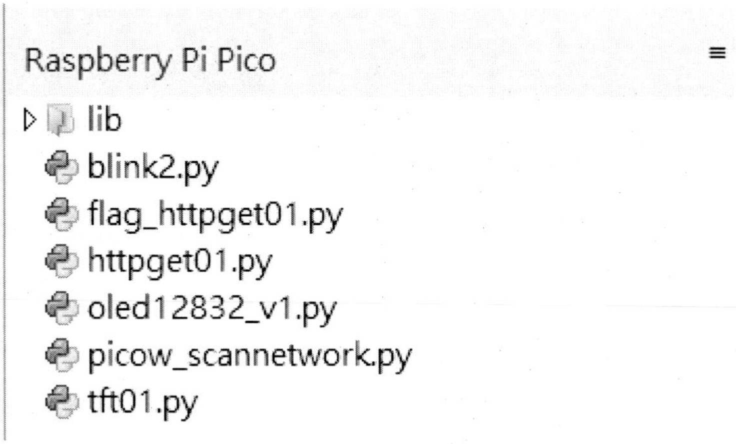

```
Raspberry Pi Pico
  ▷ lib
    blink2.py
    flag_httpget01.py
    httpget01.py
    oled12832_v1.py
    picow_scannetwork.py
    tft01.py
```

圖 93 更新 PICOW 韌體後並不會刪除原有 python 檔案

到這個階段，筆者已經介紹完畢安裝基本的開發環境：MicroPython 直譯器於樹莓派 PICO W 開發板(Raspberry Pi Pico W)裝置上了，接下來就可以完全開始進行開發樹莓派 PICO W 開發板(Raspberry Pi Pico W)裝置。

上下傳程式與副程式

本章節接下來介紹如何從開發的電腦上傳以攥寫好的程式或新寫好的程式，上傳到樹莓派 PICO W 開發板(Raspberry Pi Pico W)裝置上。

上傳程式

如下圖所示，將樹莓派 PICO W 開發板(Raspberry Pi Pico W)透過 USB 連接線接上電腦。

圖 94 樹莓派 PICO W 開發板連上 USB 線

如下圖所示，我們回到 Thonny 開發工具畫面，如果將樹莓派 PICO W 開發板(Raspberry Pi Pico W)已經透過 USB 連接線接上電腦，並請設定都已經設定完成，應該可以看到下圖上方紅框可以看到開發程式的檔案與目錄清單，此外，也應該可以看到下圖下方紅框可以看到樹莓派 PICO W 開發板(Raspberry Pi Pico W)內部的檔案與目錄清單。

如果讀者看不到如下圖所示之畫面，請回到前章節閱讀後，將問題解決後，再回到本章節繼續閱讀。

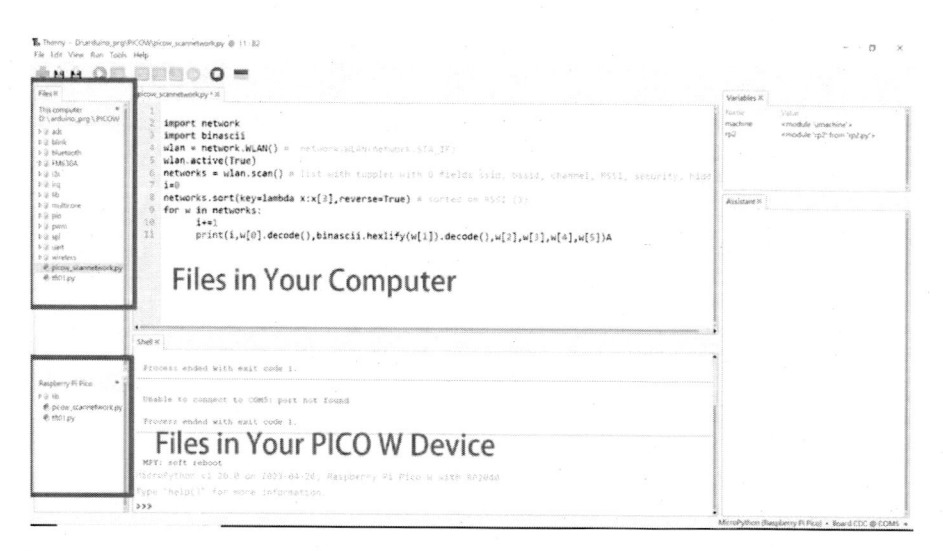

圖 95 正確檔案介面之主畫面

如下圖所示,先選擇開發程式區,一一選取要上傳的所有檔案與資料夾,並在選取區域上,按下滑鼠的右鍵,會出現快速功能選項,請選擇 Upload to(上傳到)的選項。

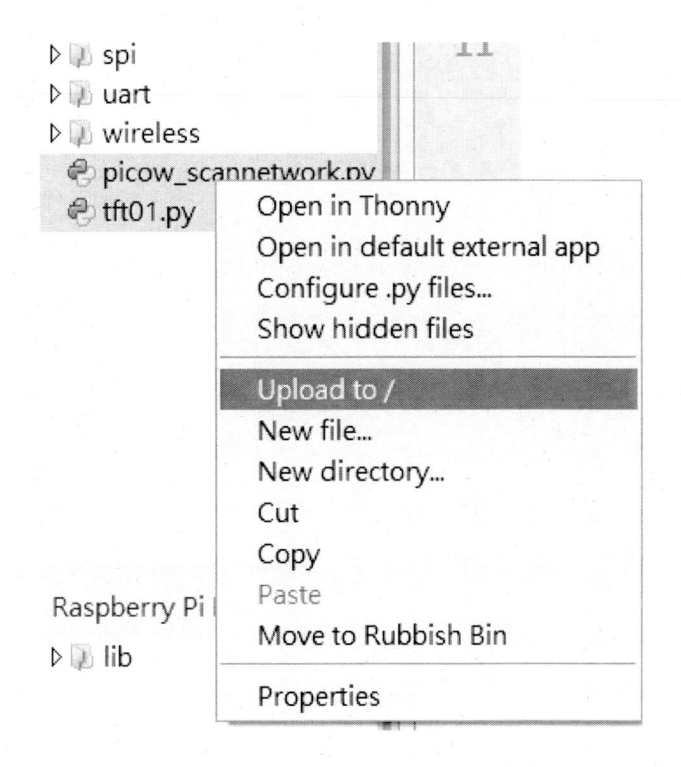

圖 96 再被選好的檔案區按下滑鼠右鍵

如下圖所示,並在選取要上傳的所有檔案與資料夾之區域上,按下滑鼠的右鍵,會出現快速功能選項,請選擇 Upload to(上傳到)的選項。

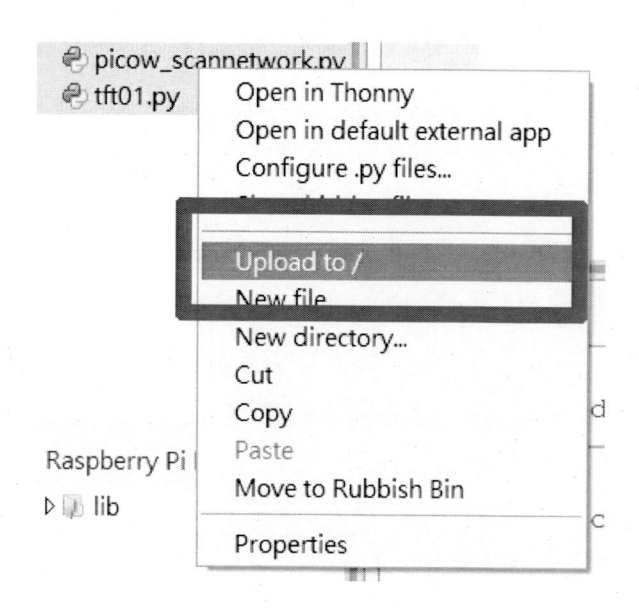

圖 97 按下滑鼠右鍵候選上傳選項

如下圖所示，Thonny 開發工具會將上圖所選的檔案與資料夾，一一上傳到樹莓派 PICO W 開發板(Raspberry Pi Pico W)裝置端的根目錄資料夾上。

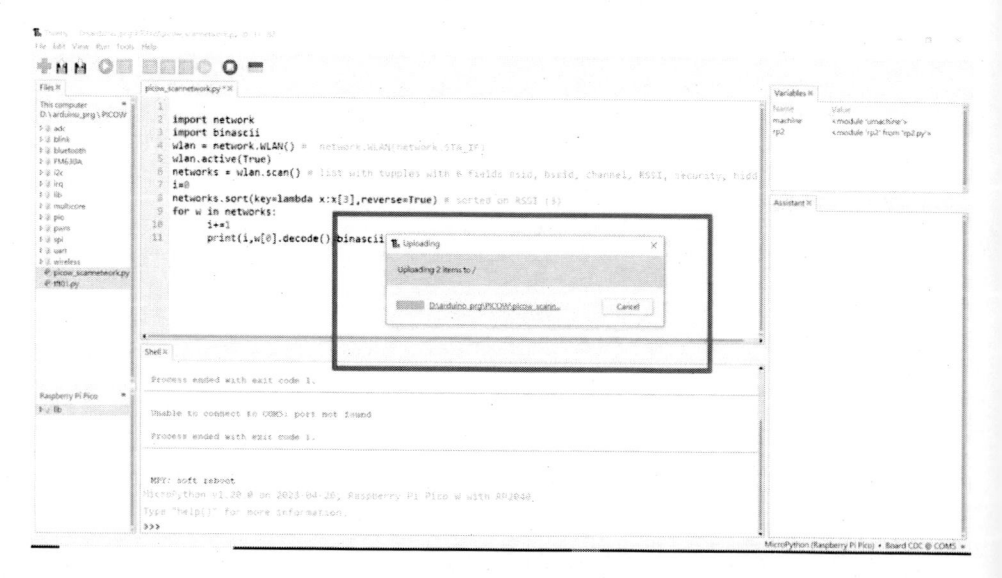

圖 98 開始上傳程式

~ 68 ~

為了確認所選的檔案與目錄是否上傳成功,如下圖所示,可點選樹莓派 PICO W 開發板(Raspberry Pi Pico W)裝置端的根目錄資料夾。

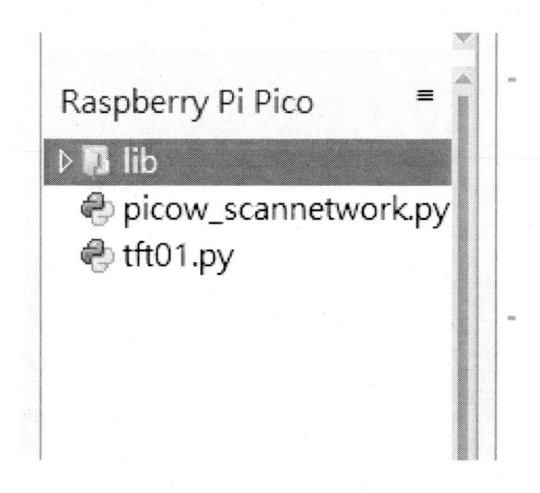

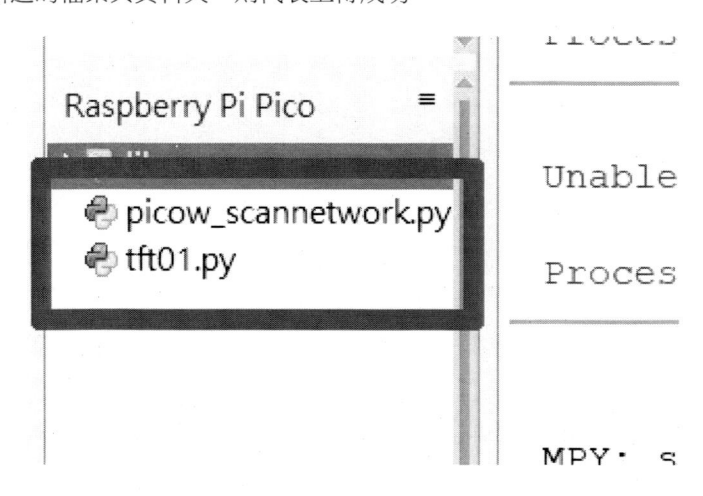

圖 99 查看 PICOW 裝置檔案

如下圖所示,可以查看樹莓派 PICO W 開發板(Raspberry Pi Pico W)裝置端的根目錄資料夾,如可以在樹莓派 PICO W 開發板(Raspberry Pi Pico W)的根目錄看到剛才所選的檔案與資料夾,則代表上傳成功。

圖 100 PICOW 裝置已完成上傳之檔案

下載程式

如下圖所示，將樹莓派 PICO W 開發板(Raspberry Pi Pico W)透過 USB 連接線接上電腦。

圖 101 樹莓派 PICO W 開發板連上 USB 線

如下圖所示，進到 Thonny 開發工具的畫面。

圖 102 Thonny 畫面

如下圖所示，可以選取樹莓派 PICO W 開發板(Raspberry Pi Pico W)裝置端的根目錄。

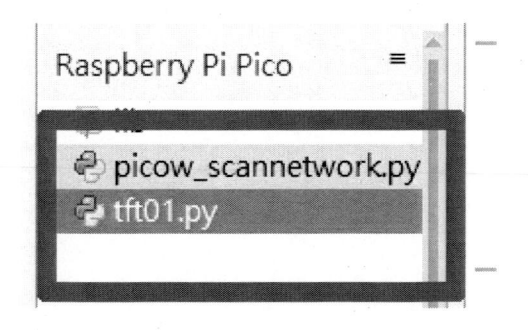

圖 103 選取 PICOW 裝置端上的檔案

如下圖所示，在選取樹莓派 PICO W 開發板(Raspberry Pi Pico W)裝置端之根目錄上，選取要下載的檔案與資料夾，並在所選的檔案與目錄的選取區，按下滑鼠右鍵。

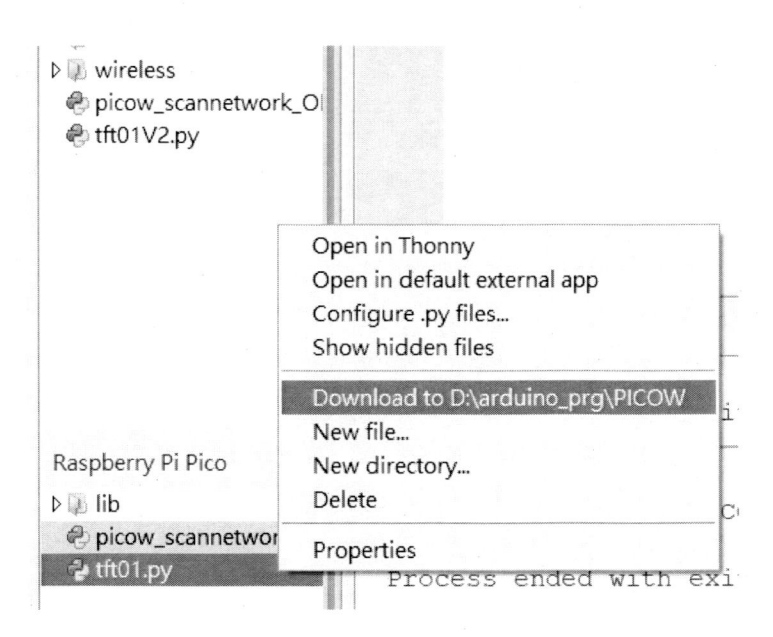

圖 104 在檔案區按下滑鼠右鍵

~ 71 ~

如下圖所示，在選取樹莓派 PICO W 開發板(Raspberry Pi Pico W)裝置端根目錄下之所選擇的檔案與資料夾的選取區，按下滑鼠右鍵，選擇 Download to XXXX:表您目前開發端電腦 Thonny 的工作目錄區(下載到開發電腦的開發程式目錄區)。

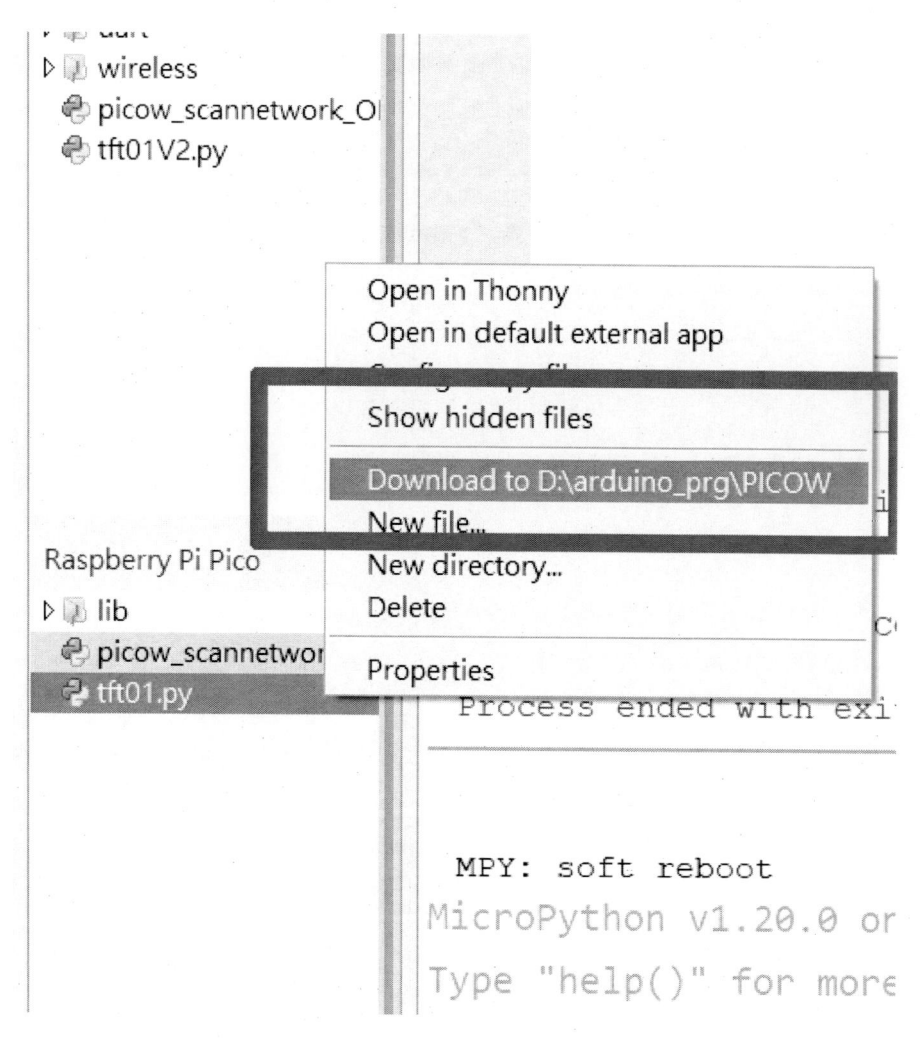

圖 105 選去下載與對應目錄

如下圖所示，Thonny 工具就可以將樹莓派 PICO W 開發板(Raspberry Pi Pico W)裝置端的根目錄，所選擇的檔案與資料夾之所選資料檔與整個目錄，下載到將開發

~ 72 ~

電腦的開發程式工作區目錄區內。

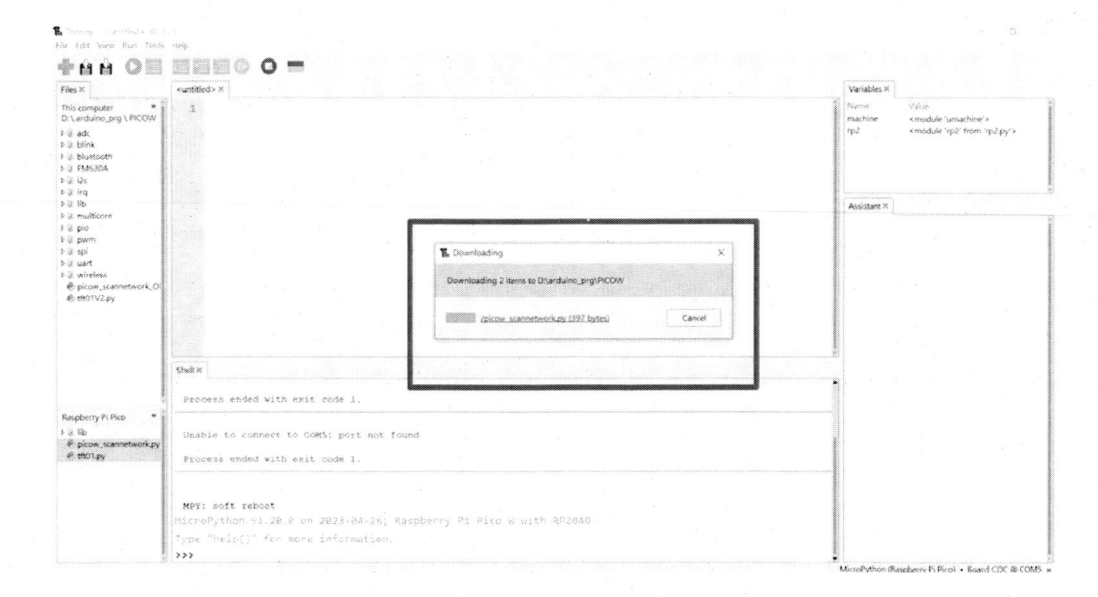

圖 106 下載 PICOW 程式到電腦畫面

如下圖所示,可以看到 Thonny 開發工具正在下載檔案中。

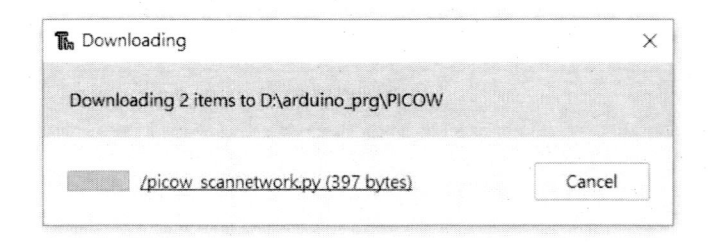

圖 107 下載 PICOW 程式到電腦畫面

如下圖所示,如果下載檔案與資料夾完成後,可以在 Thonny 開發工具的開發電腦區之工作目錄區,看到在樹莓派 PICO W 開發板(Raspberry Pi Pico W)裝置端的根目錄,所選擇的檔案與資料夾之所選資料檔與整個目錄,已經下載開發電腦區

之目錄區。

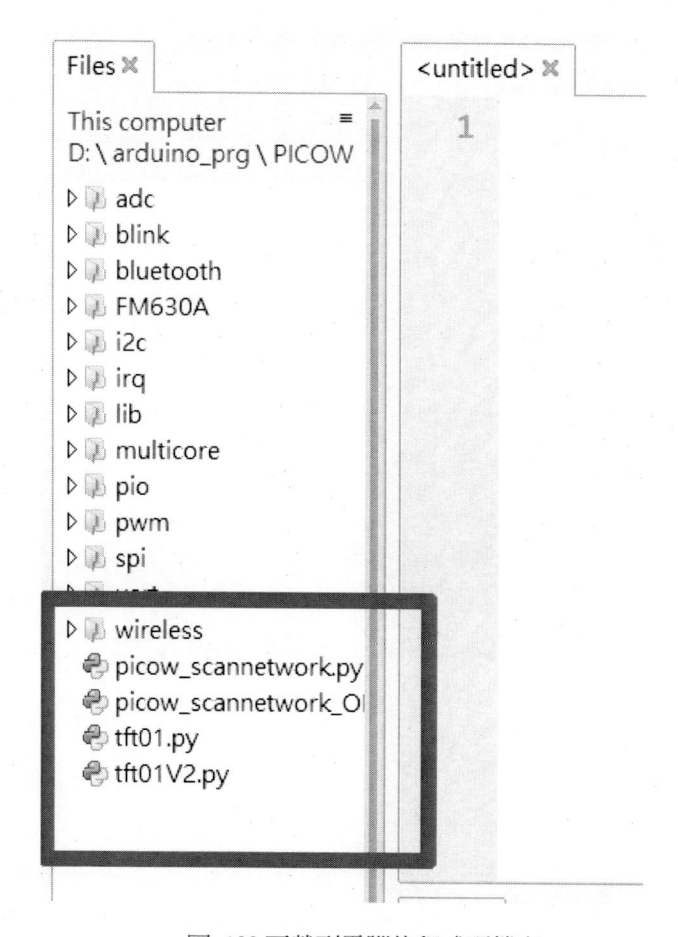

圖 108 下載到電腦的程式碼檔案

上傳副程式(函式庫)

如下圖所示，將樹莓派 PICO W 開發板(Raspberry Pi Pico W)透過 USB 連接線接上電腦。

圖 109 樹莓派 PICO W 開發板連上 USB 線

如下圖所示，我們回到 Thonny 開發工具畫面，如果將樹莓派 PICO W 開發板(Raspberry Pi Pico W)已經透過 USB 連接線接上電腦，並請設定都已經設定完成，應該可以看到下圖上方紅框可以看到開發程式的檔案與目錄清單，此外，也應該可以看到下圖下方紅框可以看到樹莓派 PICO W 開發板(Raspberry Pi Pico W)內部的檔案與目錄清單。

如果讀者看不到如下圖所示之畫面，請回到前章節閱讀後，將問題解決後，再回到本章節繼續閱讀。

上傳副程式(函式庫)

如下圖所示，將樹莓派 PICO W 開發板(Raspberry Pi Pico W)透過 USB 連接線接上電腦。

本章節介紹，我們將樹莓派 PICO W 開發板(Raspberry Pi Pico W)搭配其他硬體，如 TFT 螢幕等，這些外來的硬體針對開發人員需要為它攥寫很多的副程式或函式庫，方能使用這些硬體。

如下圖所示，本書介紹樹莓派 PICO W 開發板(Raspberry Pi Pico W)搭配 SPI 介面的 1.8 吋 TFT 螢幕，其電路組立圖如下圖所示。

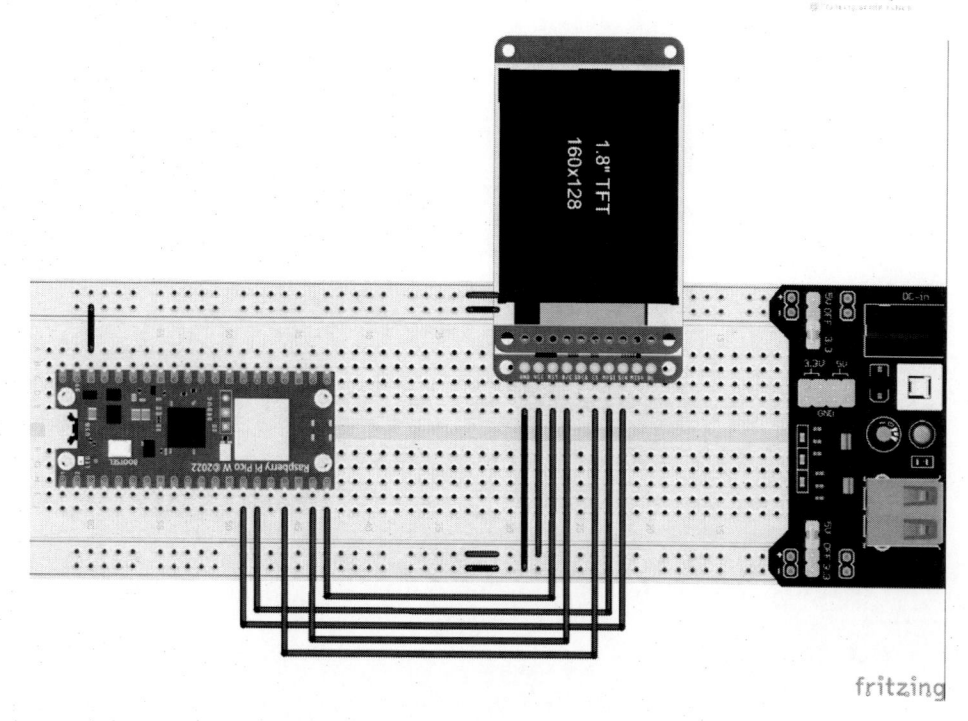

圖 110 PICOW 開發板連接 1.8 吋 TFT 螢幕

由於本書使用的 1.8 吋 TFT 螢幕之控制晶片是 ST7735，所以其晶片需要攢寫許多對應的 lib，如同 Arduino 開發板一樣，也已安裝其對應的函式庫來降低開發的成本，所以筆者找到對應的函式庫，其網址：https://github.com/boochow/MicroPython-ST7735?fbclid=IwAR2aDXAFznP-Zzfwq2bdF57fu1G9Ya-_kTzT4Apy0ccdOAev86Ps4v2Iq7o，如下圖所示，先使用瀏覽器，在瀏覽器之網只列，輸入網址：https://github.com/boochow/MicroPython-ST7735?fbclid=IwAR2aDXAFznP-Zzfwq2bdF57fu1G9Ya-_kTzT4Apy0ccdOAev86Ps4v2Iq7o，進入到如下圖所示之網頁頁面。

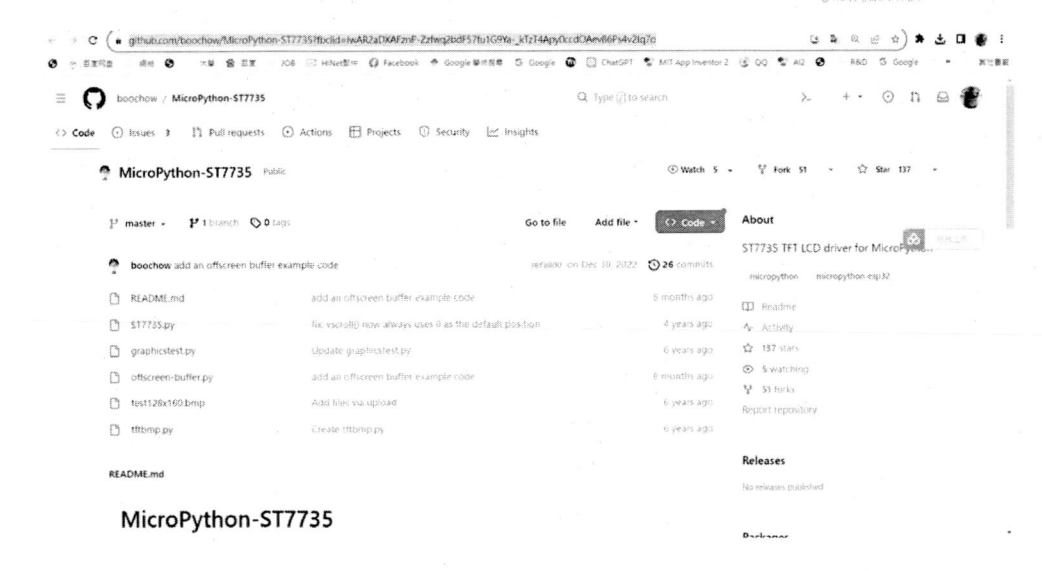

圖 111 函式庫網站

如下圖紅框處所示，這些檔案是本書使用的 1.8 吋 TFT 螢幕(控制晶片是 ST7735)，網路上資訊達人為其撰寫對應的 lib 與範例檔案等程式，請選去這些檔案後，選擇滑鼠右鍵後，選擇下載(Download)，將這些檔案壓縮後，下載到開發電腦的下載區中，其下載壓縮檔案名稱依個人而異，讀者自行記住。

圖 112 函式庫網站之 ST7735 函式檔

~ 77 ~

如下圖所示，將樹莓派 PICO W 開發板(Raspberry Pi Pico W)透過 USB 連接線接上電腦後，應該可以看到 Thonny 開發工具的開發程式工具區，並在其開發程式工具區建立『lib』之目錄區，並選取該『lib』之目錄區。

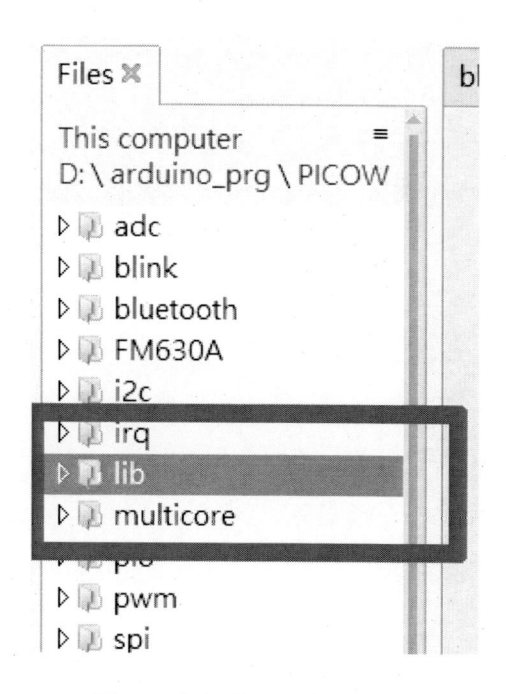

圖 113 在程式目錄建立 lib 資料夾

如下圖所示，請讀者使用檔案總管，開啟 Thonny 開發工具的開發程式工具區內剛才建立『lib』之目錄區後。

接下來使用解壓縮軟體，開啟剛才選擇下載(Download)之下載到開發電腦的下載區中之下載壓縮檔案名稱，如下圖所示之右方所示。

接下來用解壓縮軟體，開啟剛完下載檔案後，可以看到如圖 112 之紅框處的檔案，如下圖所示之右方，請讀者將這些檔案與目錄，解壓縮到 Thonny 開發工具的開發程式工具區內剛才建立『lib』之目錄區內，如果會有相同的檔案或目錄，會提示您是否覆蓋，請讀者自行判斷是否覆蓋。

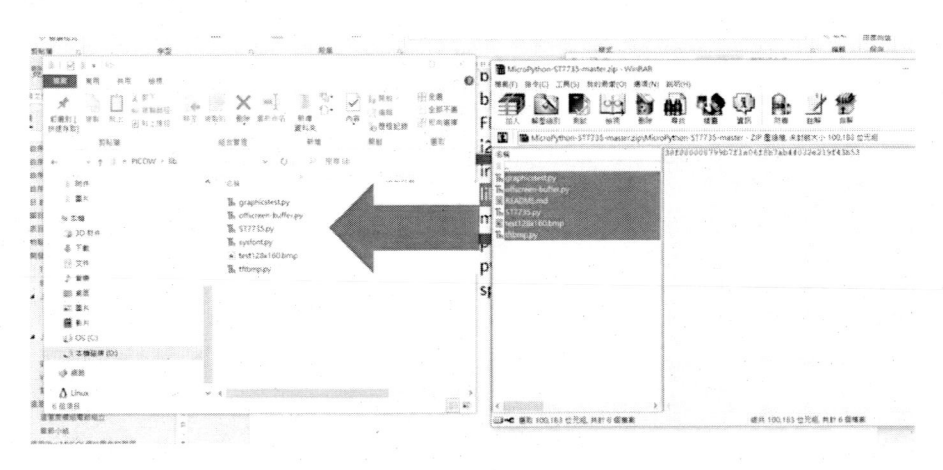

圖 114 將下載函式庫檔案拷貝到 lib 資料夾

如下圖所示,開啟 Thonny 開發工具的開發程式工具區內剛才建立『lib』之目錄區後,應該可以看到如圖 112 之紅框處的檔案已經存在該『lib』目錄區下。

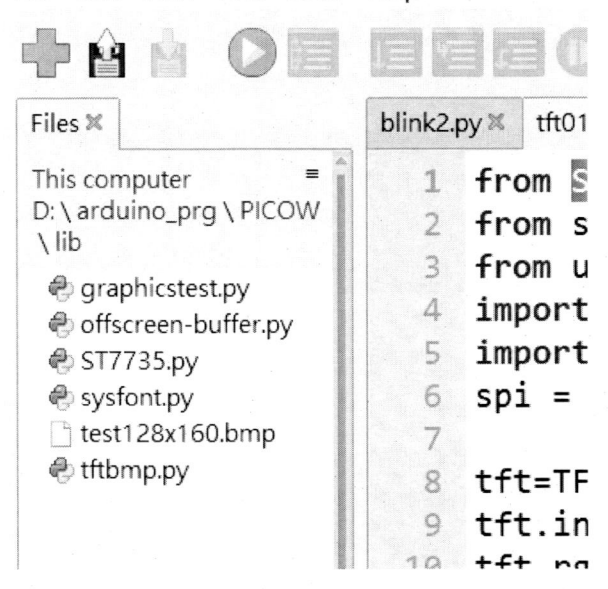

圖 115 選取 lib 資料夾下對應的檔案

~ 79 ~

一般而言，筆者會將開發電腦的開發工作區內的『lib』目錄區，是開發整個樹莓派 PICO W 開發板(Raspberry Pi Pico W)自己與搭配的韌體、硬體、函式庫、副程式與資料檔(圖檔、音效檔....等等)。

如下圖所示，使用 Thonny 開發工具，開啟將開發電腦的開發工作區內的『lib』目錄區。

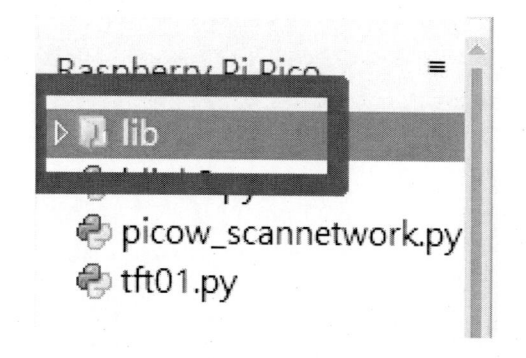

圖 116 點選 PICOW 開發板的 lib 函式庫資料夾

如下圖紅框處中，可以看到開發電腦的開發工作區內的『lib』目錄區內已安裝、存在的韌體、硬體、函式庫、副程式與資料檔(圖檔、音效檔....等等)。

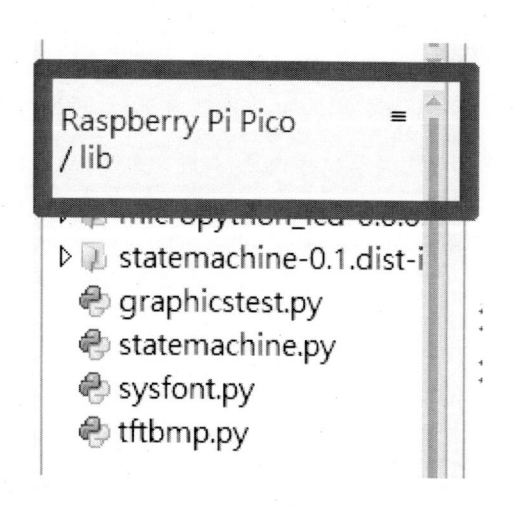

圖 117 切換到 PICOW 開發板的 lib 函式庫資料夾

如下圖紅框處中，請選擇開發電腦的開發工作區內的『lib』目錄區要上傳到樹莓派 PICO W 開發板(Raspberry Pi Pico W)裝置上。

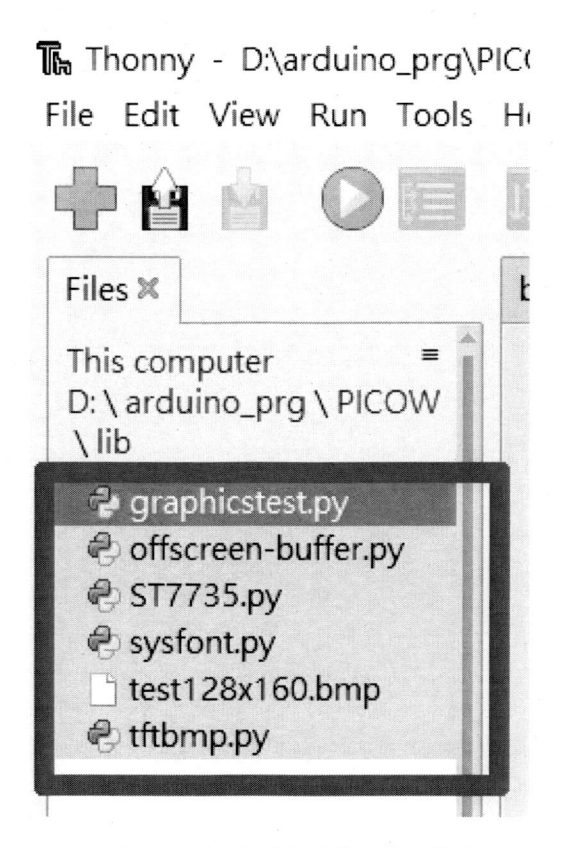

圖 118 選取要上傳的函式庫檔案

如下圖所示之選擇開發電腦的開發工作區內的『lib』目錄區要上傳的檔案選取出的區域，按下滑鼠右鍵，出現快捷選項。

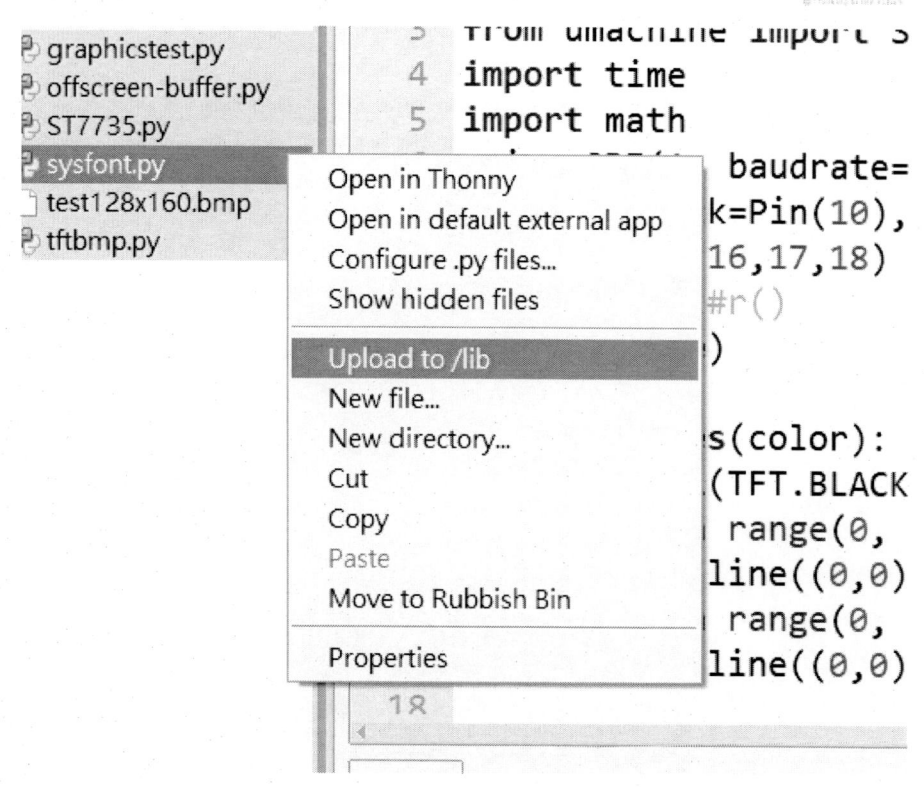

圖 119 在選取區按下滑鼠右鍵呼叫快捷選單

　　如下圖所示之選擇開發電腦的開發工作區內的『lib』目錄區要上傳的檔案選取出的區域，按下滑鼠右鍵，出現快捷選項後，移動滑鼠游標到『Upload to /lib』區域。

圖 120 在快捷選單選去上傳到開發板的函式庫資料夾

如下圖所示，可以看到選取開發電腦的開發工作區內的『lib』目錄區要上傳的檔案已開始上傳到樹莓派 PICO W 開發板(Raspberry Pi Pico W)裝置端之根目錄下的『lib』目錄區。

圖 121 開始上傳函式檔到開發板函式庫資料夾

如下圖所示，如果樹莓派 PICO W 開發板(Raspberry Pi Pico W)裝置端之根目錄之 lib 資料夾中有重複已存在的檔案，會出現是否要覆蓋到樹莓派 PICO W 開發板(Raspberry Pi Pico W)裝置端之根目錄之 lib 資料夾中重複已存在的檔案，請讀者行決定是否覆蓋檔案。

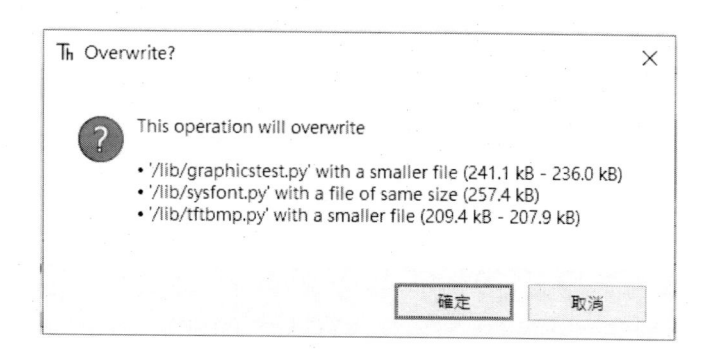

圖 122 重複檔案會警告是否覆蓋檔案

如下圖所示，如果讀者選擇是或否，開發工具會一一將所選的到檔案，上傳到樹莓派 PICO W 開發板(Raspberry Pi Pico W)裝置端之根目錄之 lib 資料夾中。

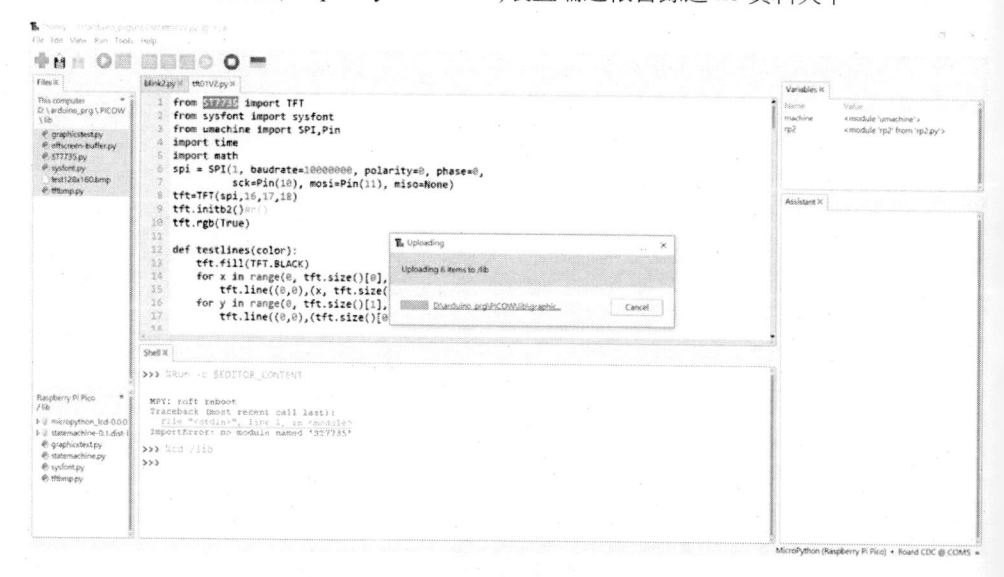

圖 123 開始上傳函式檔到開發板函式庫資料夾中

如下圖所示，請再點選到樹莓派 PICO W 開發板(Raspberry Pi Pico W)裝置端之根目錄之 lib 資料夾，可以看到下圖所示之紅框處，應該會出現中選取開發電腦的開發工作區內的『lib』目錄區要上傳的檔案。。

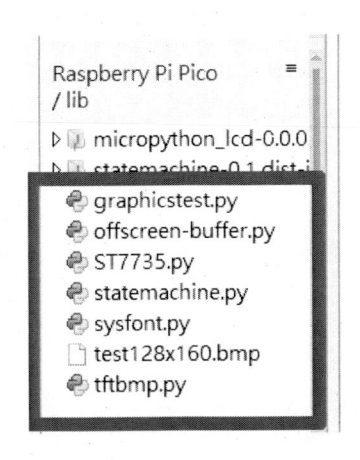

圖 124 完成後可以見到開發板函式庫資料夾有對應檔案

如上圖所示，我們已經完成副程式、函式庫以上傳完成。

如下圖所示，由於接下來開發，需要將目錄切換到選取開發電腦的開發工作區的目錄區。

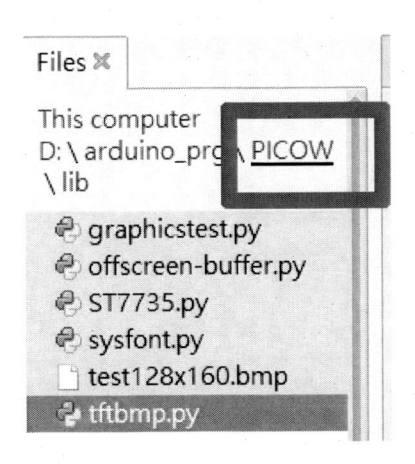

圖 125 切換開發資料夾到原來目錄

~ 85 ~

如下圖所示，我們將回到開發電腦的開發工作區的目錄區中。

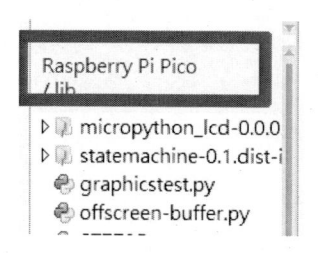

```
Raspberry Pi Pico
/lib
▷ micropython_lcd-0.0.0
▷ statemachine-0.1.dist-i
  graphicstest.py
  offscreen-buffer.py
```

圖 126 切換開發板到根目錄

如下圖所示，我們可以繼續使用 Thonny 開發工具繼續開發樹莓派 PICO W 開發板(Raspberry Pi Pico W)。

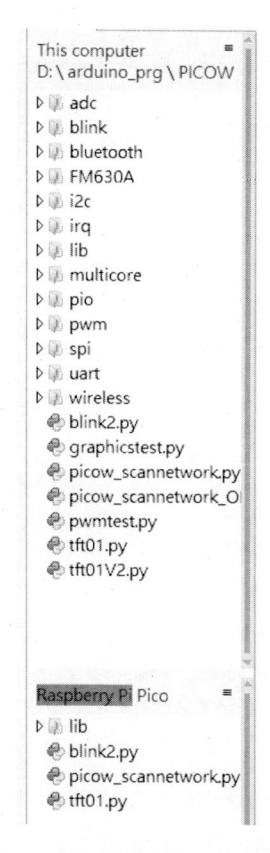

```
This computer
D:\ arduino_prg \ PICOW
▷ adc
▷ blink
▷ bluetooth
▷ FM630A
▷ i2c
▷ irq
▷ lib
▷ multicore
▷ pio
▷ pwm
▷ spi
▷ uart
▷ wireless
  blink2.py
  graphicstest.py
  picow_scannetwork.py
  picow_scannetwork_O
  pwmtest.py
  tft01.py
  tft01V2.py

Raspberry Pi Pico
▷ lib
  blink2.py
  picow_scannetwork.py
  tft01.py
```

圖 127 完成函式庫上傳到開發板

~ 86 ~

如下圖所示，我們回到 Thonny 開發工具的程式編輯區中。

圖 128 回到主程式編輯畫面

安裝套件

搭配硬體

如下圖所示，將樹莓派 PICO W 開發板(Raspberry Pi Pico W)透過 USB 連接線接上電腦。

圖 129 樹莓派 PICO W 開發板連上 USB 線

本章節介紹，我們將樹莓派 PICO W 開發板(Raspberry Pi Pico W)搭配其他硬體，如 Oled 螢幕等，這些外來的硬體針對開發人員需要為它攥寫很多的副程式或函式庫，方能使用這些硬體。

如下圖所示，本書介紹樹莓派 PICO W 開發板(Raspberry Pi Pico W)搭配 I2C 介面的 OLED 12832 顯示模組，其電路組立圖如下圖所示。

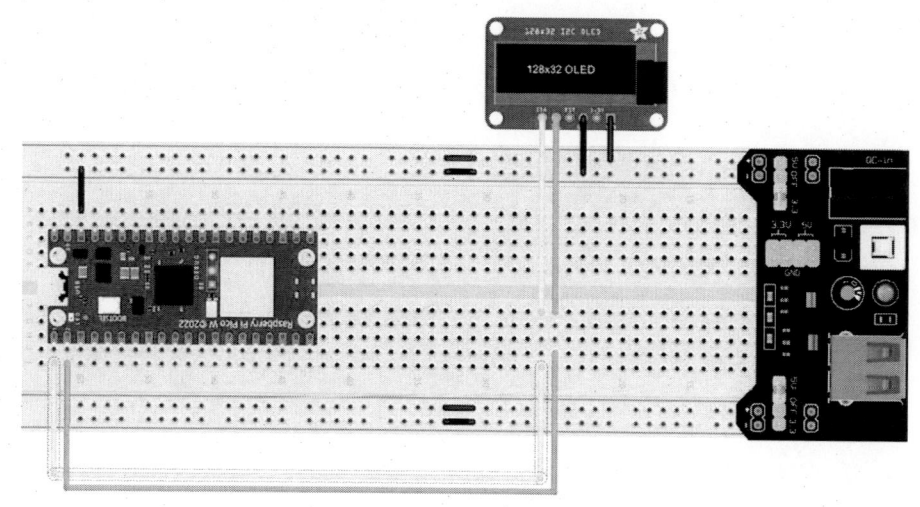

圖 130 PICOW 開發板連接 OLED 12832 顯示模組

安裝對應硬體的韌體套件

如下圖所示，由於將樹莓派 PICO W 開發板(Raspberry Pi Pico W)使用 I2C 介面的 OLED 12832 顯示模組，必須要在樹莓派 PICO W 開發板(Raspberry Pi Pico W)裝置端，安裝 Python 對應的韌體套件，方能輕鬆使用如上圖所示之 I2C 介面的 OLED 12832 顯示模組。

接下來，筆者會教導如何在樹莓派 PICO W 開發板(Raspberry Pi Pico W)裝置端，安裝 Python 對應的韌體套件，如下圖所示，點選『Tools』工具選項，點到該選項後，會出現該選項的選單，請點選『Manage packages..』管理套件子選項。

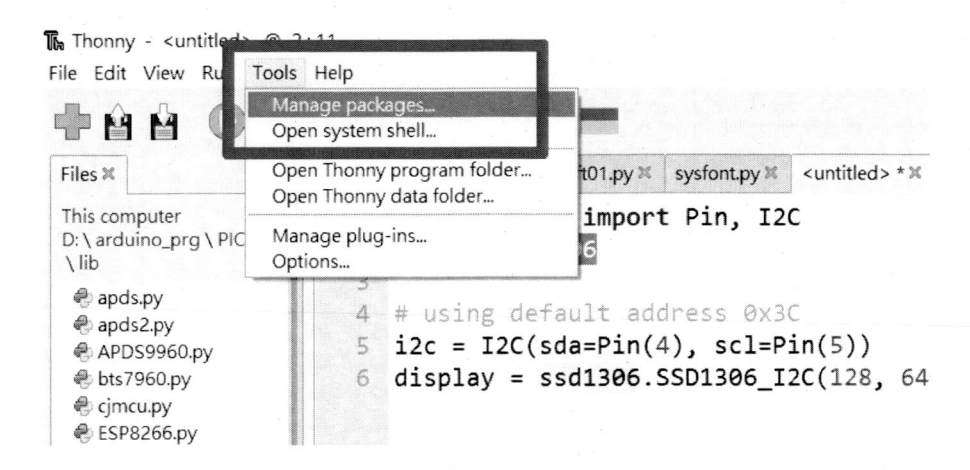

圖 131 選取管理套件功能

如下圖所示，會出現 Thonny 開發工具的套件管理主畫面。

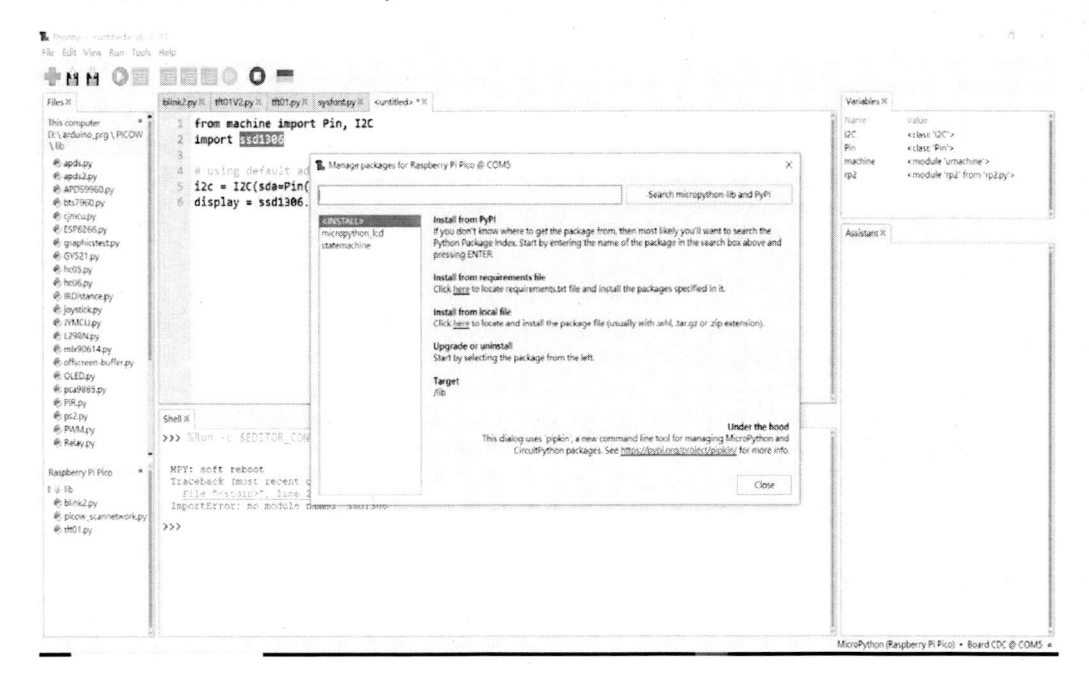

圖 132 套件管理主畫面

如下圖所示，將樹莓派 PICO W 開發板(Raspberry Pi Pico W)透過 USB 連接線接上電腦上，可以看到 Thonny 開發工具的套件管理主畫面。

~ 89 ~

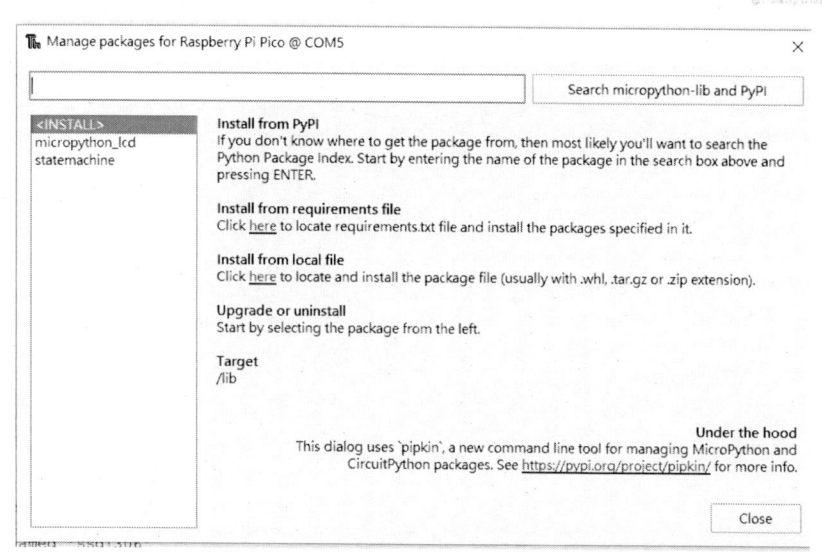

圖 133 套件管理畫面

　　如下圖所示，可以看到 Thonny 開發工具的套件管理主畫面上方，在紅框處處的文字搜尋處，輸入要尋找的套件。

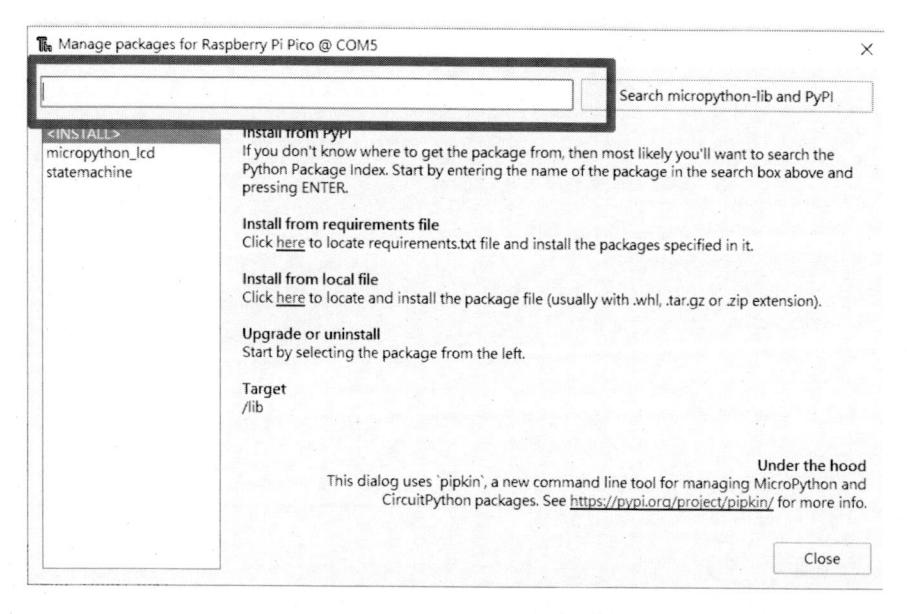

圖 134 點選查詢內容輸入區域

如下圖所示，可以看到 Thonny 開發工具的套件管理主畫面上方，在紅框處處的文字搜尋處，輸入『ssd1360』文字，尋找對應的套件。

由於如圖 130 所示，我們連接上 OLED 12832 顯示模組，其控制晶片為 SSD1306 晶片[1]，所以輸入『ssd1360』文字，可以找到 SSD1306 控制晶片的對應的套件。

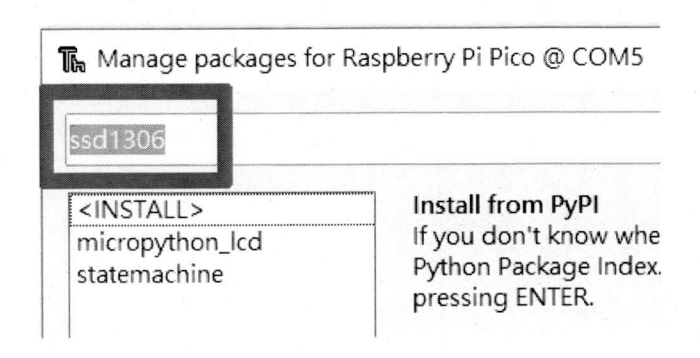

圖 135 輸入查詢 ssd1306 內容

如下圖所示，使用滑鼠點擊下圖紅框處，進行搜尋套件。

---

[1] SSD1306 是一款帶控制器的用於 OLED 點陣圖形顯示系統的單晶片 CMOS OLED/PLED 驅動器。它由 128 個 SEG（列輸出）和 64 個 COM（行輸出）組成。該晶片專為共陰極 OLED 面板設計。SSD1306 內建對比度控制器、顯示 RAM（GDDRAM）和振盪器，以此減少了外部元件的數量和功耗。該晶片有 256 級亮度控制。資料或命令由通用微處理機通過硬體選擇的 6800/8000 系通用平行介面、I2C 介面或序列介面傳送。該晶片適用於許多小型行動式應用，如手機副顯示屏、MP3 播放器和計算器所需要的顯示螢幕等。

~ 91 ~

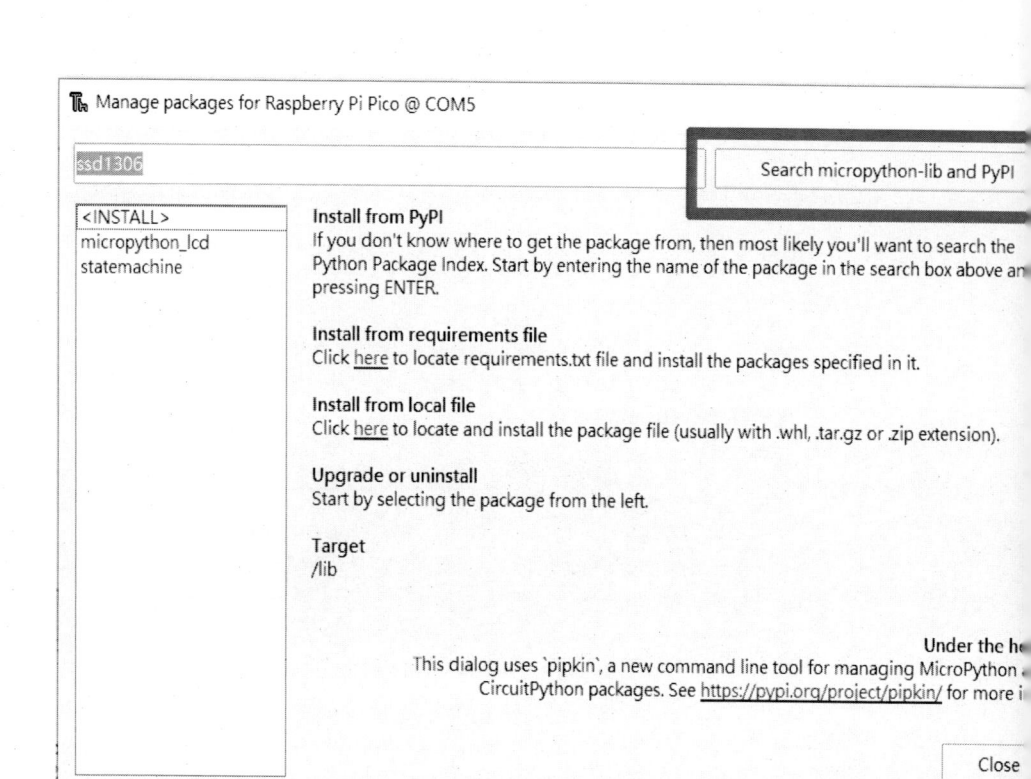

[圖示：Thonny 管理套件視窗，搜尋 ssd1306]

圖 136 按下查詢套件按鈕

  如下圖所示，筆者輸入『ssd1360』文字，進行搜尋 SSD1306 控制晶片的對應的套件(如圖 130 所示)，可以發現找到一些對應的套件，但是通常會超過一個以上的套件，因為該搜尋條件較為鬆寬，並且關鍵字會有所重複所致。

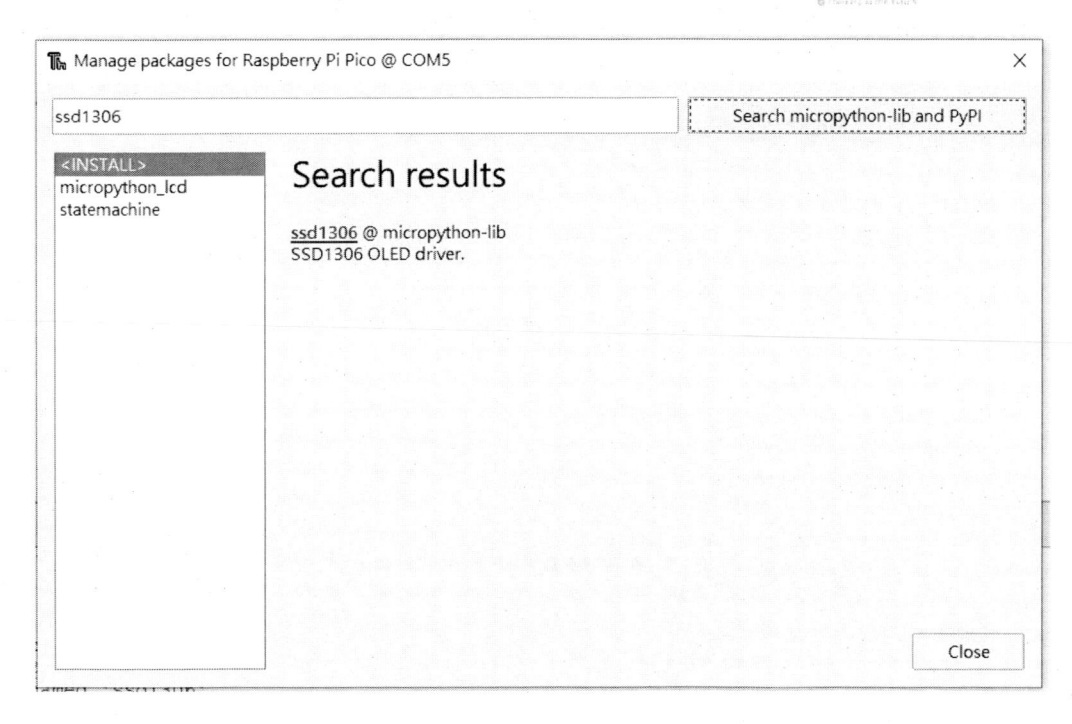

圖 137 找到函式的內容

如下圖所示，在紅框處，可以發現應該是 SSD1306 控制晶片的對應的套件(如圖 130 所示)，請注意，後方最好有@micropython 等字樣等，是較為正確的目標值。

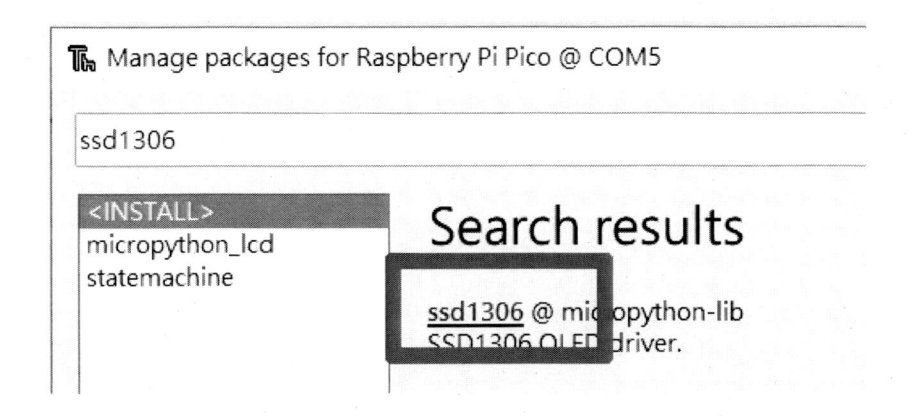

圖 138 點選要安裝函式

如下圖紅框處所示，可以再度確認該套件發行相關資訊後，確認是否為可以安裝的套件，此處由於是免費的第三方發行，無法保證選取到的套件可以合乎您選擇的韌體、硬體的要求，選取正確性大部分依靠經驗與網路上先進的建議與經驗相互配合，可以達到最大的功效。

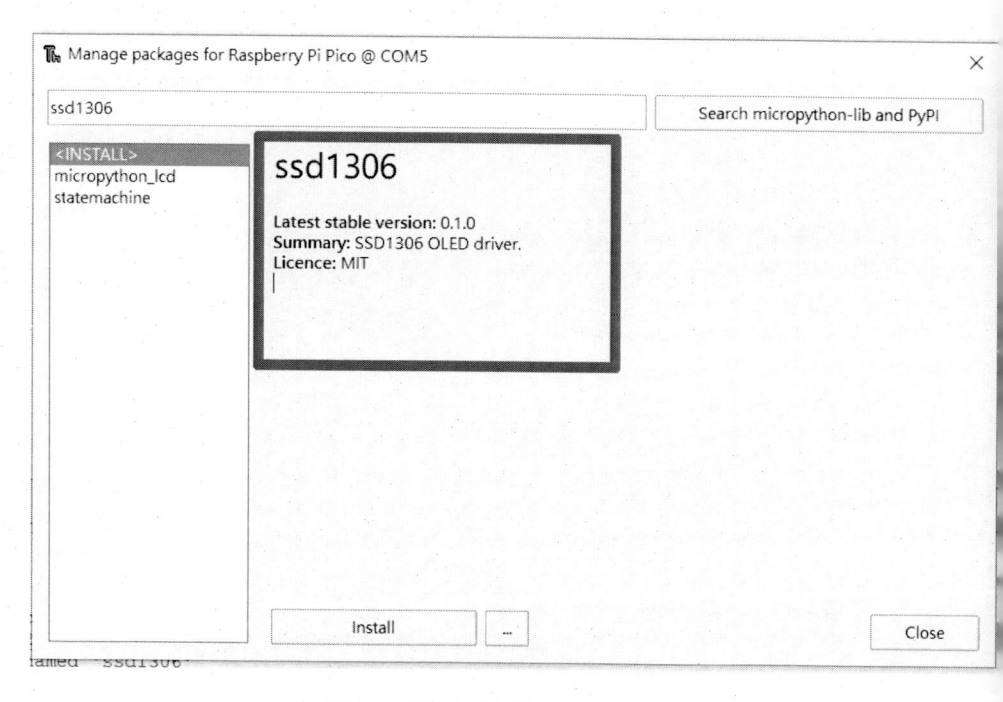

圖 139 顯示要安裝硬體之套件

如下圖紅框所示，可以點選『Install』安裝該套件。

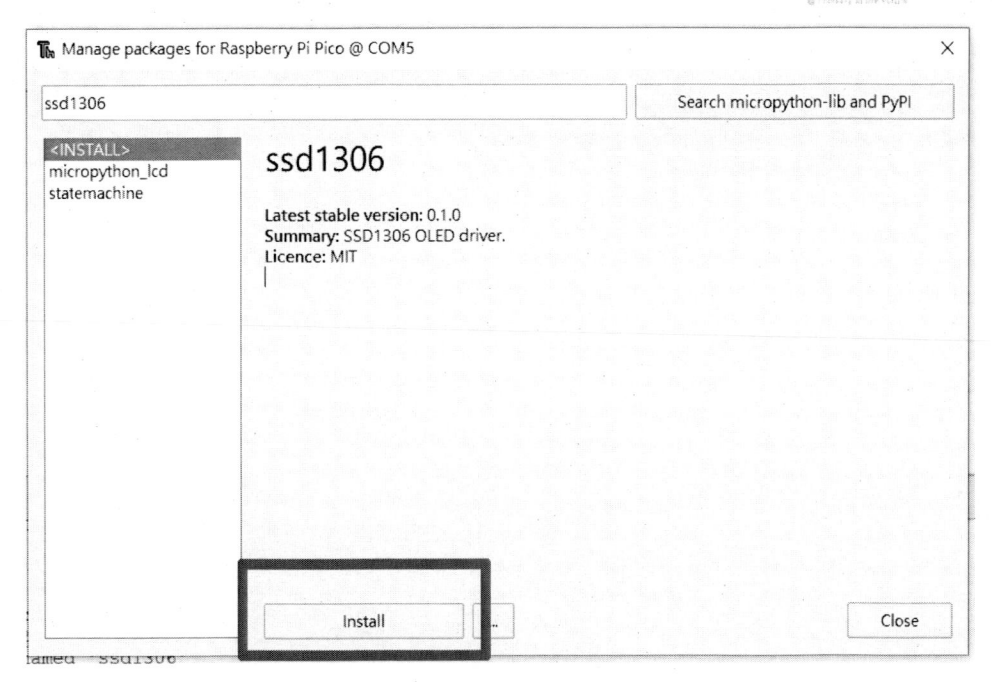

圖 140 安裝查詢到的套件

如下圖所示，可以見到該套件安裝中。

圖 141 開始安裝找到的函示套件

如下圖所示，如果看到圖下方有『Uninstall』的圖示，代表已經安裝過該套件，如果『Upgrade』的圖示亮起來，可以點選，代表該套件有新的版本，可以點選新版本更新安裝。

~ 95 ~

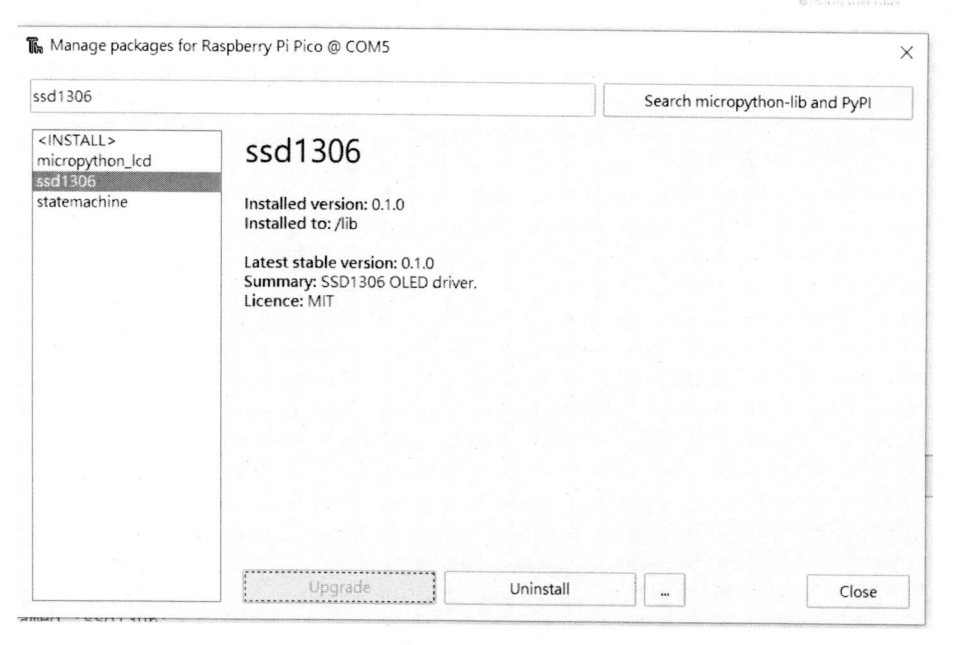

圖 142 安裝函式套件成功

　　如下圖所示，如果您要移除該套件，請點選『Uninstall』的圖示後，可以移除該套件。

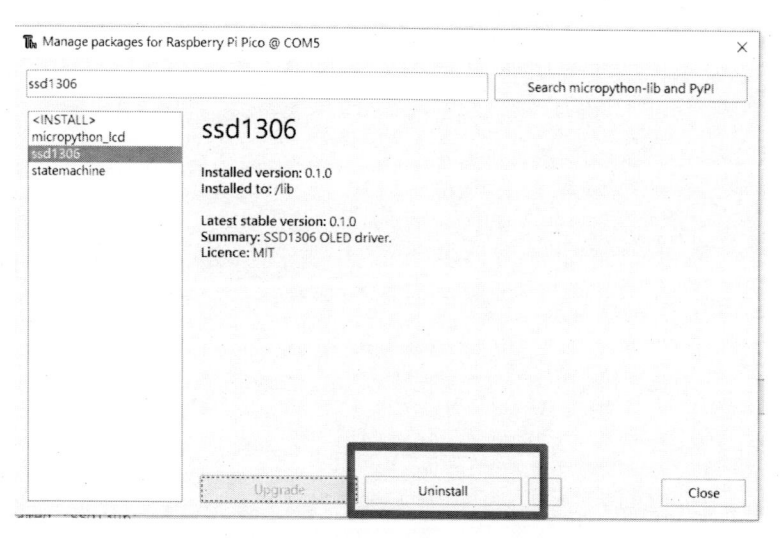

圖 143 點選要移除的函式套件

最後，在本節最後告訴讀者，如果您要的開發板與連接各式各樣的硬體、周邊、網路套件、運算套件…等其他任何擴充套件，請依定要先行安裝到樹莓派 PICO W 開發板(Raspberry Pi Pico W)裝置端，方可以往後都正確被執行，而不是在使用 Thonny 開發工具執行時，可以執行就可以保證樹莓派 PICO W 開發板(Raspberry Pi Pico W)裝置端往後可以往後都正確被執行。

章節小結

本章主要介紹之樹莓派 PICO W 開發板(Raspberry Pi Pico W)介紹，至開發環境安裝與設定，韌體安裝/更新，上下傳輸 Pythom 與套件安裝/移除等，透過本章節的解說，相信讀者會對樹莓派 PICO W 開發板(Raspberry Pi Pico W)環境開發之安裝、設定、基本使用，有更深入的了解與體認。

2
CHAPTER

擴充板介紹

由於筆者會在書中大量使用樹莓派 PICO W 開發板(Raspberry Pi Pico W)，本書會大量使用開發板，並連接其他周邊或電子零件，為了讓讀者學習方便與無痛學習，筆者引入了 Kevin's Lab 創始人：陳淨騰(Kevin Chen)，其臉書網址：https://www.facebook.com/kevin.yao.395669，Kevin 是一位不可多得的創作者與資深開發經理，如下圖所示， 陳淨騰(Kevin Chen)[2]開發了 Pico/W Breadboard 擴充板，可以在板上搭配樹莓派 PICO 開發板(Raspberry Pi Pico)與樹莓派 PICO W 開發板(Raspberry Pi Pico W)兩種同系列的開發板，並在擴充板直接整合彩色 1.8 吋顯示螢幕(薄膜電晶體液晶顯示器（英語：Thin Film Transistor Liquid Crystal Display，常簡稱為 TFT-LCD）)，其顯示器搭載 ST7735 驅動晶片。

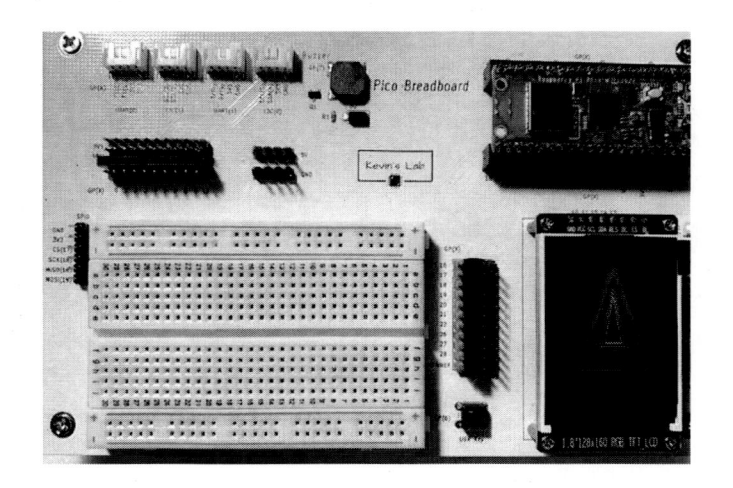

圖 144 Pico/W Breadboard 擴充板一覽圖

---

[2] https://www.makdev.net/p/about-me.html?fbclid=IwAR1AATb_iclWkZg3BHntNT_2-7Dm2mNOMBTj5hszPT3MLIaNsIQn_QNB_bE

如上圖所示，陳淨騰(Kevin Chen)推出 Pico Breadboard，將可以釋放 Raspberry Pi Pico/W 的無限潛能，並充分發揮 Raspberry Pi Pico 的全部潛力。Pico/W Breadboard 擴充板以以實驗學習與開發專案的角度，將其 Pico/W Breadboard 擴充板結合了便利的麵包板和 ST7735 TFT LCD 顯示器，可讓學習開發專案更加方便與降低錯誤，其板上搭載四個方便放置的 JST 2.0mm 連接器，可以輕鬆連接 I2C 和 UART 介面，簡化連線步驟。 Pico/W Breadboard 擴充板強調功率和便利性，電路上具備先進的 DC/DC 自動升降壓電路，Pico/W Breadboard 擴充板也可以只使用一顆 3.7V 電池，也能確保 Pico/W Breadboard 擴充板連續的穩定供電。告別笨重的電源設備，享受無限的探索、創作和創新自由。

Pico/W Breadboard 擴充板主要特點如下：

1. Raspberry Pi Pico/W 實驗板：輕鬆整合 Raspberry Pi Pico/W 於專案中，方便開發系統原型和系統測試。
2. 麵包板功能：使用高品質的麵包板，輕鬆連接和實驗各種電子元件。
3. 整合 ST7735 TFT LCD 顯示器：整合 ST7735 TFT LCD 顯示器，可呈現生動鮮明的視覺效果，提升整體使用體驗。
4. 四個 JST 2.0mm 連接器：輕鬆連接 I2C 和 UART 介面，擴展周邊可能性，簡化連線流程。
5. DC/DC 自動升降壓：無間斷供電，讓您專注於創意而不是電源管理。
6. 電池相容性：支援單一 3.7V 鋰電池，確保開發專案在行動使用中具有便攜性和長久性。
7. 官方贈品：JST2.0 對 杜邦線 x 4 特製 杜邦線 x 10

筆者相信，陳淨騰(Kevin Chen)推出 Pico/W Breadboard 擴充板將成為製造者、愛好者和專業人士的革命性工具。不論您是經驗豐富的 Raspberry Pi 愛好者，還是剛入門的新手，都可以透過 Pico/W Breadboard 擴充板，在專案開發實盡情釋放創意。

板載顯示器介紹

彩色 1.8 吋顯示螢幕

Pico/W Breadboard 擴充板搭配如下圖所示之板載顯示器(曹永忠, 吳佳駿, 許智誠, & 蔡英德, 2016b, 2016c; 曹永忠, 許智誠, & 蔡英德, 2015a, 2015b)，其規格介紹如下：

- ◆ 1.8 英寸全彩 128x160 SPI 全彩 TFT LCD 顯示模組 驅動 IC ST7735S
- ◆ 顯示模式-TFT
- ◆ 輸入數據 SPI 接口，驅動 IC ST7735S。
- ◆ 分辨率 128RGBx160 點，顯示方向在 12 點鐘方向。
- ◆ 有效區域 LCD 28.03（寬）x 35.04（高），像素尺寸 0.219（寬）x 0.219（高）。

圖 145 1.8 英寸全彩 128x160 SPI 全彩 TFT LCD 顯示模組一覽圖

Pico/W Breadboard 擴充板搭配如下圖所示之板載顯示器：1.8 英寸全彩 128x160 SPI 全彩 TFT LCD 顯示模組之腳位說明：

- 腳位 1： GND 地線
- 腳位 2： VDC 外接 3.3 V 電源
- 腳位 3：SCL I2C 之 SCL 系統 Clock 腳位
- 腳位 4：SDA I2C 之 SDA 資料傳輸腳位
- 腳位 5： RES 該腳位用於重置信號輸入使用。當腳位為低電位(LOW)時，整個驅動晶片會被重置並執行初始化設置，所以在在正常操作期間，該腳位必須保持高電位(HIGH)。
- 腳位 6： DC 該腳位用來通知晶片，此時是數據資料或控制命令的傳輸
- 腳位 7：CS 晶片選擇，透過這個腳位，告知晶片使否被選擇與連接
- 腳位 8：BLK 該腳位控制背景 LED 的開啟與否，高電位為點亮 LED 背光，低電位為關閉 LED 背光

Pico/W Breadboard 擴充板搭配如下圖所示之板載顯示器：1.8 英寸全彩 128x160 SPI 全彩 TFT LCD 顯示模組規格如下：

- 類型：彩色 TFT LCD 顯示模組
- 材料：塑料+電子元件
- 尺寸：35x56mm/1.3x2.2in
- 顏色：參考上圖
- 螢幕尺寸：1.8 英寸
- 控制晶片：ST7735
- 解析度：128x160 DPI
- 顯示面積：28.03x35.04（mm）
- 通訊類型：SPI 接口

- 外接腳位數：8 腳位(Pin)
- 顏色顯示數：全彩
- 每點像素尺寸：0.219 x 0.219（mm）
- 工作溫度：-20-70 度
- 工作電壓：3.3V

如下圖所示，為將 Pico/W Breadband 擴充板搭配如下圖所示之板載顯示器，並固定於 Pico/W Breadboard 擴充板之上的圖樣。

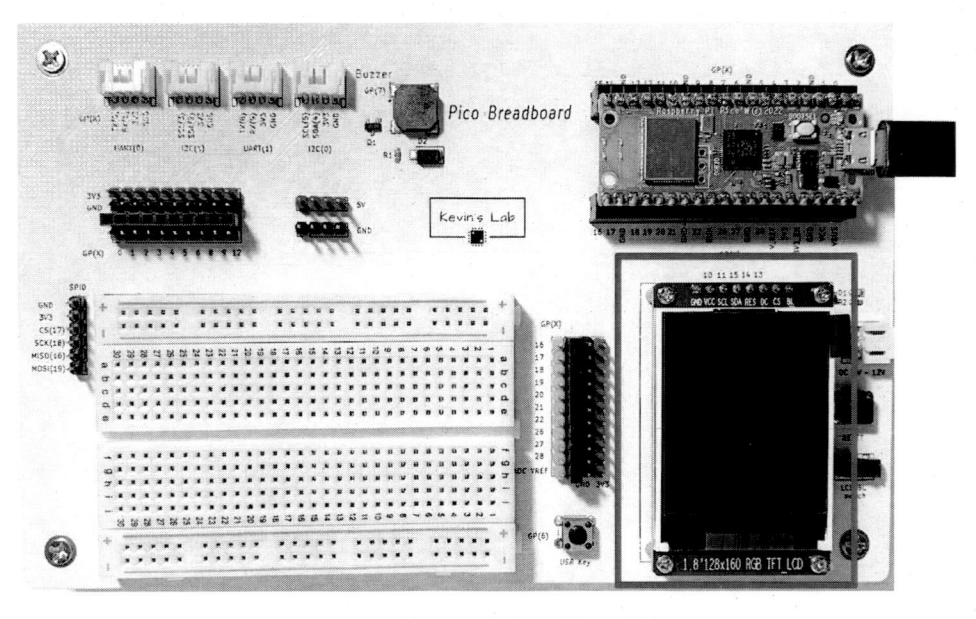

圖 146 外接 1.8 英寸全彩顯示模組

如下圖所示，為 Pico/W Breadboard 擴充板之外接 1.8 英寸全彩顯示模組之背光燈源的開關，當開啟時 1.8 英寸全彩顯示模組才看的到顯示的內容，關閉十，雖然 1.8 英寸全彩顯示模組圖案會顯示之模組之上，但是缺乏背光的發光，人眼無法看到的將 1.8 英寸全彩顯示模組顯示的所有圖案，此開關的功能是長時間使用，關閉其 1.8 英寸全彩顯示模組之背光會省下不少電力耗損，對於 Pico/W Breadboard

擴充板使用充電鋰電池時，可以在長時間使用時，無人觀看其 1.8 英寸全彩顯示模組圖案內容時，可以省下不少電源耗損，在真的需要查看 1.8 英寸全彩顯示模組的圖案內容時，在打開背光模組的電源，在觀看 1.8 英寸全彩顯示模組的圖案，如此一來可以延長 Pico/W Breadboard 擴充板使用充電鋰電池時，整個運作時間。

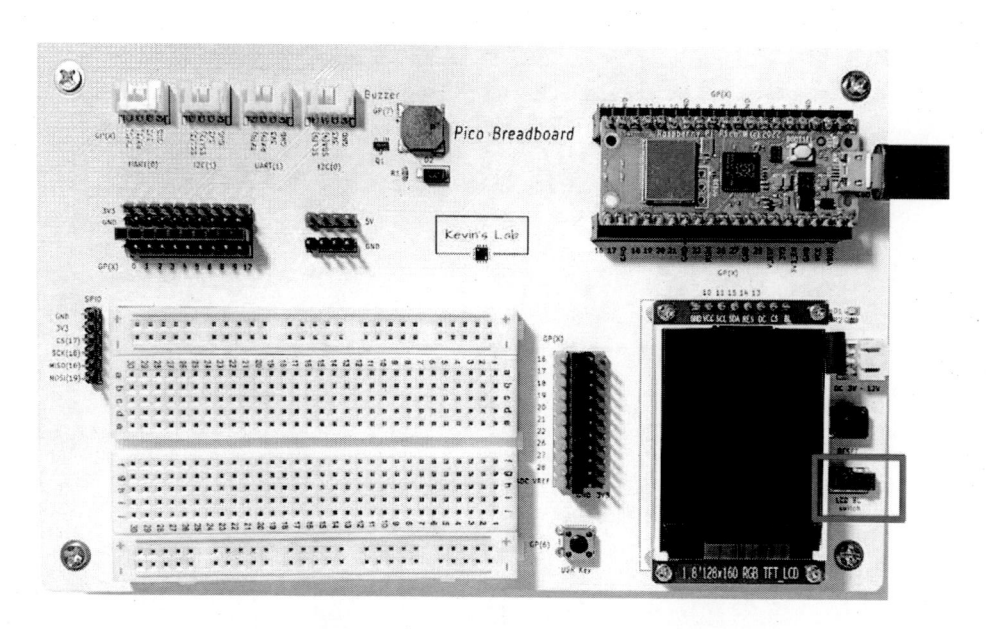

圖 147 外接 1.8 英寸全彩顯示模組背光控制開關

外部 GPIO 腳位

如下圖所示，當樹莓派 PICO W 開發板(Raspberry Pi Pico W)裝載於 Pico/W Breadboard 擴充板之上，由於我們需要進行一些 I/O 實驗與外接一些感測器，所以 Pico/W Breadboard 擴充板特別將裝置於上的樹莓派 PICO W 開發板(Raspberry Pi Pico W)之 GPIO 與通訊介面外接到如下圖紅框處所示之固定的位置，並搭配每一個 GPIO 點，加上一組的 5V/GND 端點的接點，可以輕鬆連接 I/O 零件或外接一些感測器進行實驗。

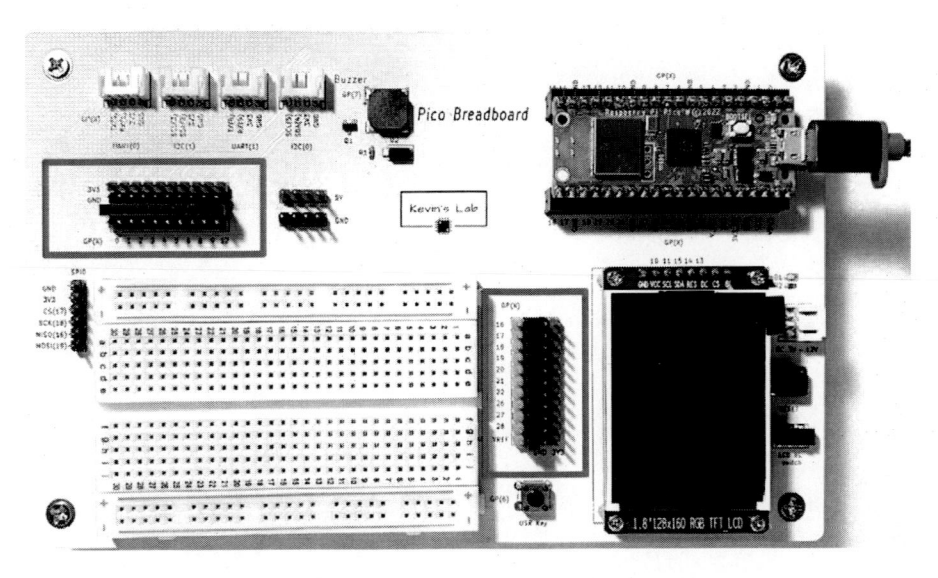

圖 148 外部 GPIO 腳位

外部 SPI 腳位

如下圖所示，當樹莓派 PICO W 開發板(Raspberry Pi Pico W)裝載於 Pico/W Breadboard 擴充板之上，由於我們需要外接一些感測器，所以 Pico/W Breadboard 擴充板特別將裝置於上的樹莓派 PICO W 開發板(Raspberry Pi Pico W)之串列(序列)週邊介面(Serial Peripheral Interface,SPI[3])，特別將其 SPI 腳位，接出來到下圖紅框處所

---

[3] SPI 是 Serial Peripheral Interface 的縮寫，中文意思是串列週邊介面，該介面是由 Motorola 公司設計發展的高速同步串列介面，原先是應用在其 68xx 系列的 8 位元處理器上 (1985 年首次出現在 M68HC11 處理器上，並提供了完整之說明文件)，用以連接 ADC, DAC, EEPROM, 通訊傳輸 IC...等週邊晶片. 由於具備有低接腳數，結構單純，傳輸速度快，簡單易用...等特性，目前已經成為業界慣用標準: 不只是單晶片微控制器上有，許多新的 SoC 晶片直接就支援多組 SPI 介面，甚至普及到連模組化的產品 (如: 手機用的 LCD 模組 (SDI 介面)，相機模組) 及 3C 產品 (如: 數位相機用的記憶卡) 也都是使用 SPI 介面。

示之固定的位置,可以讓串列(序列)週邊介面(Serial Peripheral Interface,SPI)介面的感測器,直接用排線進行連接。

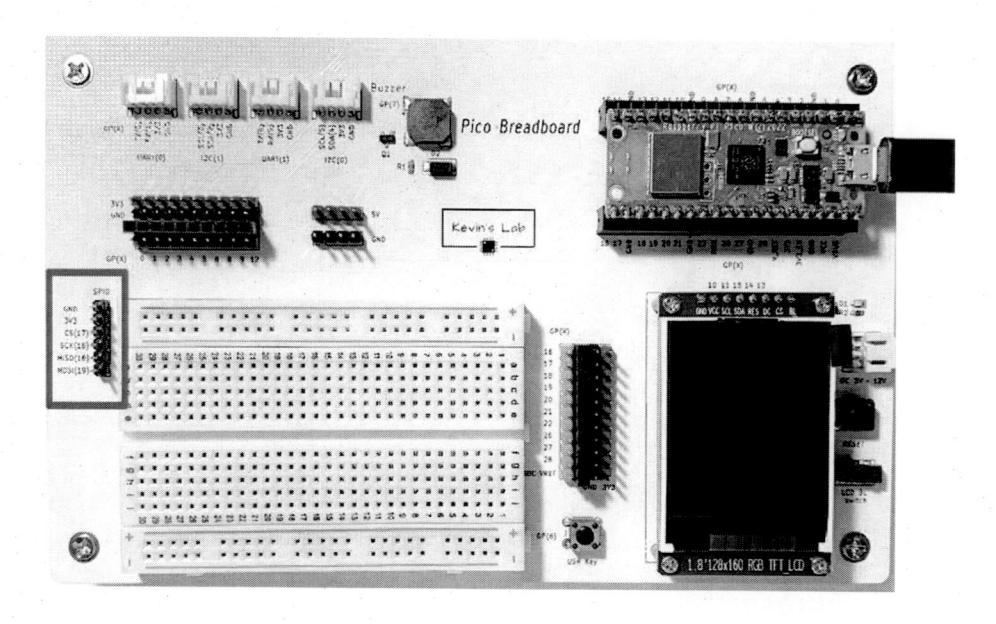

圖 149 外部 SPI 腳位

外部 I2C 腳位

如下圖所示,當樹莓派 PICO W 開發板(Raspberry Pi Pico W)裝載於 Pico/W Breadboard 擴充板之上,由於我們需要外接一些感測器,所以 Pico/W Breadboard 擴充板特別將裝置於上的樹莓派 PICO W 開發板(Raspberry Pi Pico W)之積體匯流排電路(Inter-Integrated Circuit,I²C[4]),特別將其 I²C 腳位,接出來到下圖紅框處所示二組固

---

[4] I²C(Inter-Integrated Circuit)字面上的意思是積體電路之間,它其實是 I²C Bus 簡稱,所以中文應該叫積體匯流排電路,它是一種串列通訊匯流排,使用多主從架構,由飛利浦公司在 1980 年

定的位置,可以讓積體匯流排電路(Inter-Integrated Circuit,I²C)介面的感測器,直接用排線進行連接。

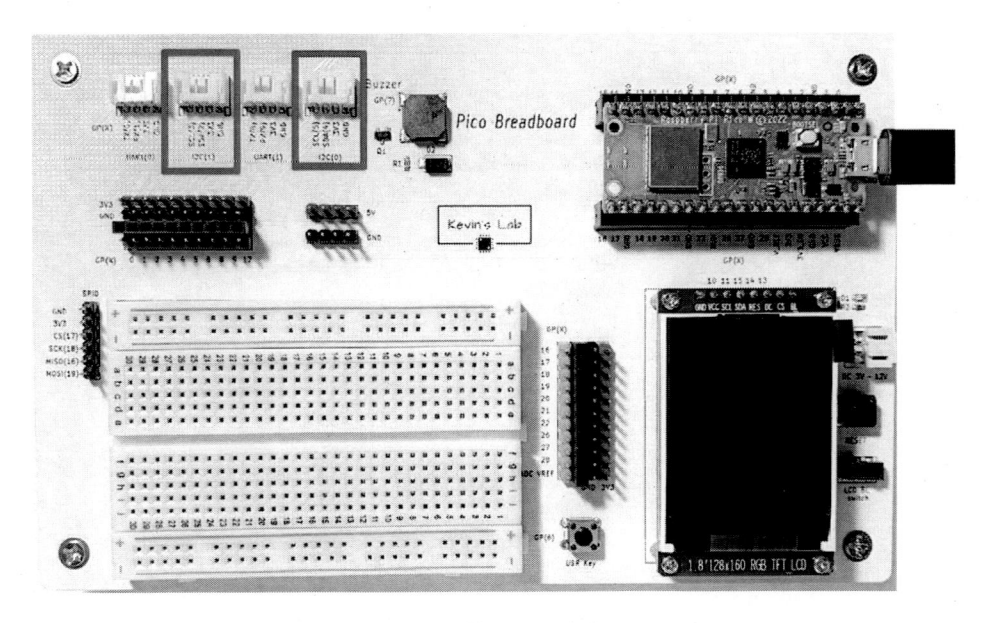

圖 150 外部 I2C 腳位

外部 UART 腳位

如下圖所示,當樹莓派 PICO W 開發板(Raspberry Pi Pico W)裝載於 Pico/W Breadboard 擴充板之上,由於我們需要外接一些感測器,所以 Pico/W Breadboard 擴充板特別將裝置於上的樹莓派 PICO W 開發板(Raspberry Pi Pico W)之通用非同步收發傳輸器(Universal Asynchronous Receiver/Transmitter,UART[5]),特別將其 UART 腳

代為了讓主機板、嵌入式系統或手機用以連接低速週邊裝置而發展。

[5] 通用非同步收發傳輸器(Universal Asynchronous Receiver/Transmitter,通常稱為 UART)是一

位，接出來到下圖紅框處所示二組固定的位置，可以讓通用非同步收發傳輸器（Universal Asynchronous Receiver/Transmitter, UART）介面的感測器，直接用排線進行連接。

圖 151 外部 UART 腳位

輸出外部電源腳位

種非同步收發傳輸器，是電腦硬體的一部分，將資料通過串列通訊進行傳輸。UART 通常用在與其他通訊介面（如 EIA RS-232）的連接上。

具體實物表現為獨立的模組化晶片，或是微處理器中的內部周邊裝置(peripheral)。一般和 RS-232C 規格的，類似 Maxim 的 MAX232 之類的標準訊號振幅變換晶片進行搭配，作為連接外部裝置的介面。在 UART 上追加同步方式的序列訊號變換電路的產品，被稱為 USART(Universal Synchronous Asynchronous Receiver Transmitter)。

如下圖所示，當樹莓派 PICO W 開發板(Raspberry Pi Pico W)裝載於 Pico/W Breadboard 擴充板之上，由於我們需要進行一些 I/O 實驗與外接一些感測器，所以 Pico/W Breadboard 擴充板特別將外接電源外接到如下圖紅框處所示之固定的位置，可以外接一些感測器的電力輸入可以簡單測試一些 I/O 零件或測試一些感測器是否通電正常，或是其他設備需要多餘的電力輸入臬所設計的。

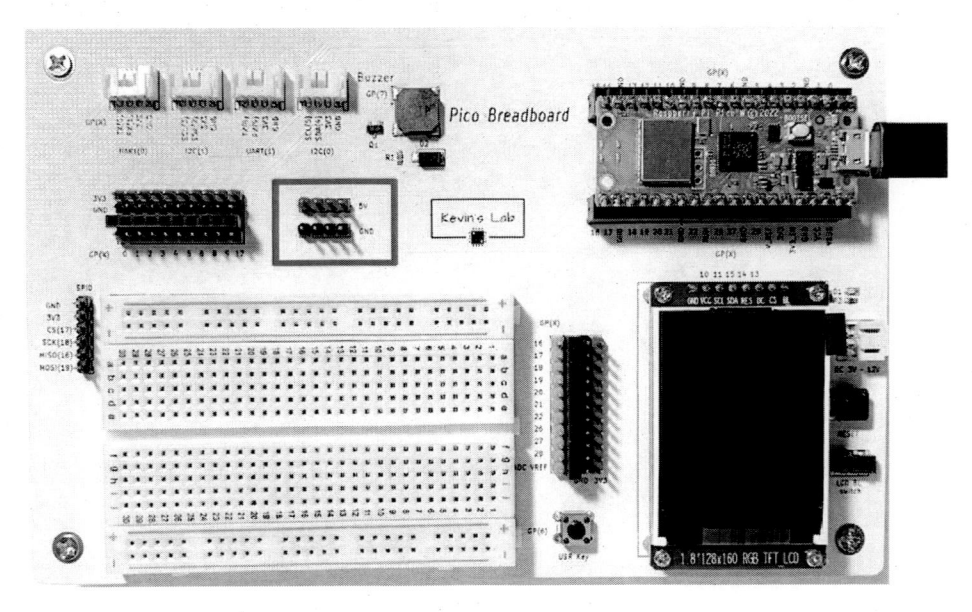

圖 152 輸出外部電源腳位

外接揚聲器

如下圖所示，當樹莓派 PICO W 開發板(Raspberry Pi Pico W)裝載於 Pico/W Breadboard 擴充板之上，由於我們需要進行一些 I/O 實驗與外接一些感測器，而這些感測器在某些情況下，會達到需要警示使用者的需要，所以所以 Pico/W Breadboard 擴充板特別設計一個喇叭(Speaker)，如下圖紅框處所示之固定的位置，設計者設計一個喇叭(Speaker)，並將驅動的腳位設定在 GPIO 7 的腳位上(實體腳位

~ 109 ~

10)，可以在連接 I/O 零件或外接一些感測器，如果需要警示或聲音時，可以使用者個內定喇叭(Speaker)進行實驗。

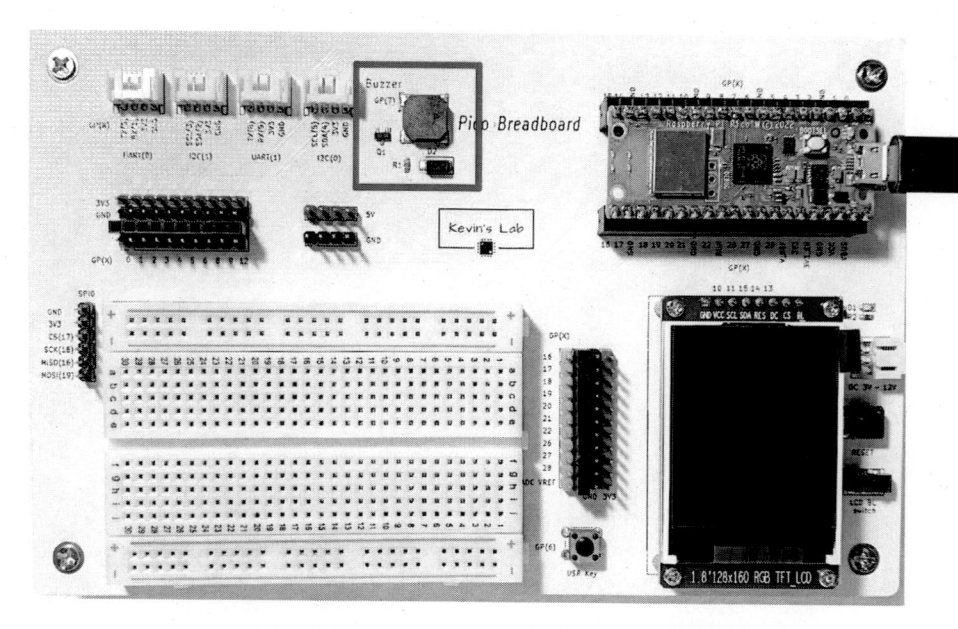

圖 153 Pico/W Breadboard 擴充板上的揚聲器

如上圖所示的硬體電路設定後，我們遵照前幾章所述，將樹莓派 PICO W 開發板(Raspberry Pi Pico W)的驅動程式安裝好之後，我們打開 Thonny 開發工具，攥寫一段程式，如下表所示之 Pico/W Breadboard 擴充板揚聲器測試程式，取得測試 Pico/W Breadboard 擴充板上的揚聲器。

表 1 Pico/W Breadboard 擴充板揚聲器測試程式

Pico/W Breadboard 擴充板揚聲器測試程式(beepsong.py)
#Pico/W Breadboard 擴充板揚聲器測試程式(beepsong.py)
from machine import Pin, PWM   #腳位套件
from time import sleep   #時間 套件

buzzerPIN=7 #外接揚聲器的腳位
BuzzerObj = PWM(Pin(buzzerPIN))#產生 PWM 物件 |

```
#以下為音符之 tone 的頻率
do5=523
dod5=554
re5=587
red5=622
mi5=659
fa5=698
fad5=739
sol5=784
sold5=830
la5=880
lad5=932
si5=987
#以上為音符之 tone 的頻率

#以下為範例歌曲之歌曲內容
songlist=[[mi5,0.1,0.1],[red5,0.1,0.1],[mi5,0.1,0.1],
        [red5,0.1,0.1],[mi5,0.1,0.1],[si5,0.1,0.1],
        [re5,0.1,0.1],[do5,0.1,0.1],[la5,0.5,0.1],
        [do5,0.1,0.1],[mi5,0.1,0.1],[la5,0.1,0.1],
        [si5,0.5,0.1],[mi5,0.1,0.1],[sold5,0.1,0.1],
        [si5,0.1,0.1],[do5,0.5,0.1],[mi5,0.1,0.1],
        [red5,0.1,0.1],[mi5,0.1,0.1],[red5,0.1,0.1],
        [mi5,0.1,0.1],[si5,0.1,0.1],[re5,0.1,0.1],
        [do5,0.1,0.1],[la5,0.5,0.1],[do5,0.1,0.1],
        [mi5,0.1,0.1],[la5,0.1,0.1],[si5,0.5,0.1],
        [mi5,0.1,0.1],[do5,0.1,0.1],[si5,0.1,0.1],
        [la5,0.5,0.1],[si5,0.1,0.1],[do5,0.1,0.1],
        [re5,0.1,0.1],[mi5,0.5,0.1],[sol5,0.1,0.1],
        [fa5,0.1,0.1],[mi5,0.1,0.1],[re5,0.5,0.1],
        [fa5,0.1,0.1],[mi5,0.1,0.1],[re5,0.1,0.1],
        [do5,0.5,0.1],[mi5,0.1,0.1],[re5,0.1,0.1],
        [do5,0.1,0.1],[si5,0.5,0.1],[mi5,0.1,0.1],
        [red5,0.1,0.1],[mi5,0.1,0.1],[red5,0.1,0.1],
        [mi5,0.1,0.1],[si5,0.1,0.1],[re5,0.1,0.1],
        [do5,0.1,0.1],[la5,0.5,0.1],[do5,0.1,0.1],
        [mi5,0.1,0.1],[la5,0.1,0.1],[si5,0.5,0.1],
```

```python
            [mi5,0.1,0.1],[do5,0.1,0.1],[si5,0.1,0.1],
            [la5,0.5,0.1]]


#產生 tone 的自訂函式
def buzzer(buzzerPinObject,frequency,sound_duration,silence_duration):

        # Set duty cycle to a positive value to emit sound from buzzer
        #設定 pwm 的 duty
        buzzerPinObject.duty_u16(int(65536*0.1))
        # Set frequency
        #設定 pwm 的頻率
        buzzerPinObject.freq(frequency)
        # wait for sound duration
        #設定等待發生的時間
        sleep(sound_duration)
        # Set duty cycle to zero to stop sound
        #設定 pwm 的 duty
        buzzerPinObject.duty_u16(int(65536*0))
        # Wait for sound interrumption, if needed
        #設定等待發生的時間
        sleep(silence_duration)

#定義傳入歌曲陣列，發出一首歌
def playsong(beep,song):
        for x in song:     #讀出一首個每一個音符
                buzzer(beep,x[0],x[1],x[2])      #發出音樂
        beep.deinit()       #停止音樂
        #Deactivates the buzzer
#set translation table from note to frequency

#彈一首歌
playsong(BuzzerObj,songlist)
```

程式下載區：https://github.com/brucetsao/PICOW

簡易按鈕

如下圖所示,當樹莓派 PICO W 開發板(Raspberry Pi Pico W)裝載於 Pico/W Breadboard 擴充板之上,由於我們需要進行一些 I/O 實驗與外接一些感測器,所以 Pico/W Breadboard 擴充板特別將裝置設定一個按鈕,讓開發者可以輕易透過按鈕的互動,表現一個於上的樹莓派 PICO W 開發板(Raspberry Pi Pico W)之 GPIO 之外接電路之零件或感測模組,進行一個互動,如 LED 明與滅等等。

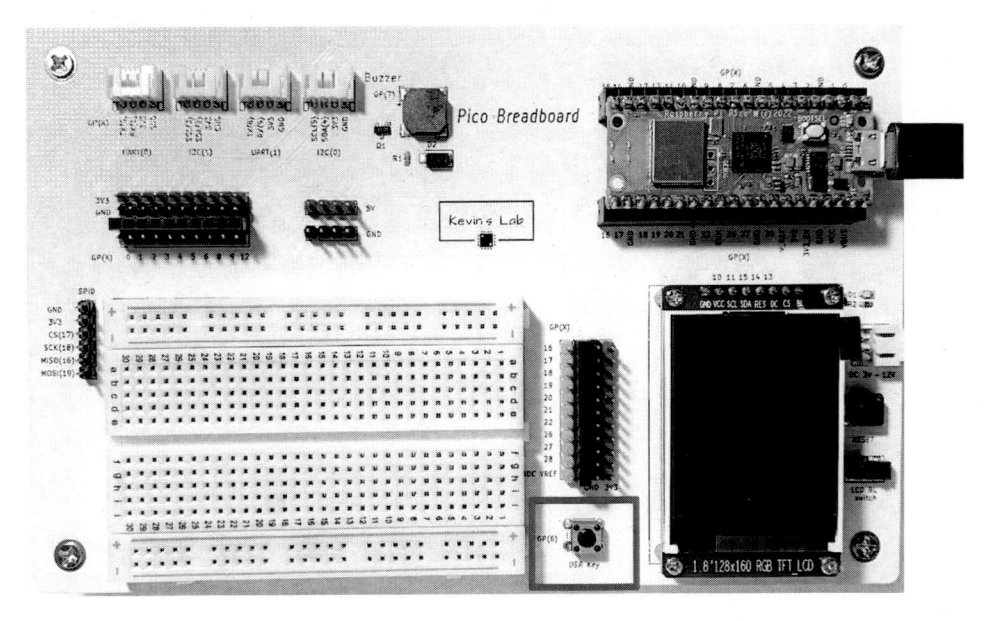

圖 154 簡易按鈕

如上圖所示的硬體電路設定後,我們遵照前幾章所述,將樹莓派 PICO W 開發板(Raspberry Pi Pico W)的驅動程式安裝好之後,我們打開 Thonny 開發工具,攥寫一段程式,如下表所示之 Pico/W Breadboard 擴充板外接按鈕測試程式,取得測試 Pico/W Breadboard 擴充板上的外接按鈕。

表 2 Pico/W Breadboard 擴充板外接按鈕測試程式

Pico/W Breadboard 擴充板外接按鈕測試程式(button2LedOn.py)

```python
#Pico/W Breadboard 擴充板外接按鈕測試程式(button2LedOn.py)

from machine import Pin, Timer     #腳位套件
import utime            #時間 套件

#led = Pin(25, Pin.OUT)
led_onboard = Pin('LED', Pin.OUT) #GPIO 輸出
#button_onboard = Pin(6, Pin.IN)         #GPIO 輸入

interrupt_flag=1       #設定按鈕狀態為 1

button_onboard = Pin(6,Pin.IN,Pin.PULL_UP)
#設定按鈕於 GPIO6,並設定為壓下去驅動

led_onboard.on()
#預設 LED 燈為亮起

def callback(pin):#  設定插斷函式
    global interrupt_flag #設定按鈕狀態為全域變數
    #interrupt_flag=1
    interrupt_flag = interrupt_flag * (-1)
    #每案一次按鈕,按鈕狀態 *(-1)==>反相

button_onboard.irq(trigger=Pin.IRQ_FALLING, handler=callback)
#將按鈕與插斷建立連接,並設定處裡函式為 callback



while True:
    #utime.sleep(1)
    #led_onboard.toggle()
    if interrupt_flag ==1 :#如果按鈕狀態為 1
        led_onboard.on()      #LED 燈亮
    else:
        led_onboard.off()   #LED 燈滅
# led_onboard.toggle() ==> led_onboard.on() and  led_onboard.off()
```

程式下載區:https://github.com/brucetsao/PICOW

外接鋰電池腳位與外接電源腳位

如下圖所示,當樹莓派 PICO W 開發板(Raspberry Pi Pico W)裝載於 Pico/W Breadboard 擴充板之上,由於我們需要進行一些 I/O 實驗與外接一些感測器,所以 Pico/W Breadboard 擴充板上特別設計外接鋰電池腳位與外接電源腳位,可以使用一般 3.3V 的鋰電池或外接 3V ~ 12V 的直流電源供應整塊 Pico/W Breadboard 擴充板(含裝置於上的樹莓派 PICO W 開發板(Raspberry Pi Pico W))。

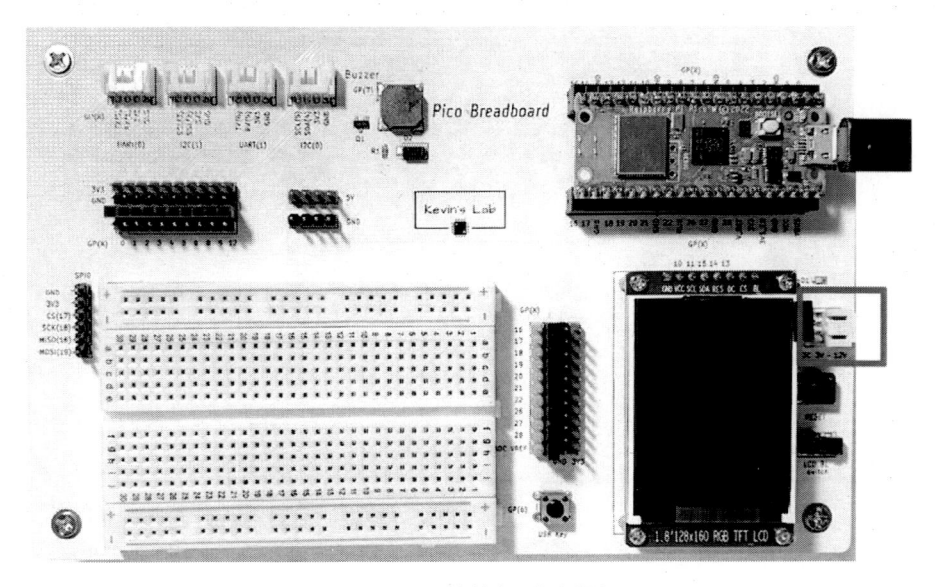

圖 155 外接鋰電池腳位

如下圖所示,如果讀者要使用鋰電池,請參考下圖所示之 LIPO 的鋰電池,多少豪安的容量差異在您可以使用多久的時間。

圖 156 外接鋰電池

　　如下圖左圖所示，可以使用這個接頭的，請注意紅線為正極， 黑線為地線或負極，請讀者不要弄錯了。

　　如將拿到的電源或電池，插入之後，請讀者注意，插入後的線，其對應下圖左圖，下方要對正極，上方要式用地線或負極，必須要安裝正確，否則 Pico/W Breadboard 擴充板與上面之樹莓派 PICO W 開發板(Raspberry Pi Pico W)與其他周邊，感測器等有極大可能因為電源正負極性錯誤，導致全部或部分毀損。

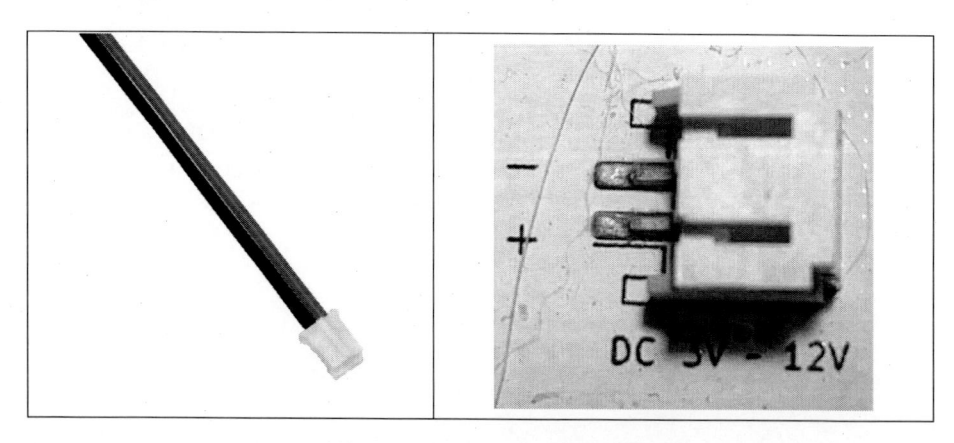

圖 157 JST PH2.0mm 電源接頭線

~ 116 ~

重置按鈕(Reset Button)

如下圖所示，當樹莓派 PICO W 開發板(Raspberry Pi Pico W)裝載於 Pico/W Breadboard 擴充板之上，由於我們需要進行一些 I/O 實驗與外接一些感測器，因為許多開發過程常需要重置系統，所以 Pico/W Breadboard 擴充板特別將重置系統的重置紐(Reset Button)接出來，容易讓開發者裝置於上的樹莓派 PICO W 開發板(Raspberry Pi Pico W)之 GPIO 與通訊介面外接到如下圖紅框處所示之固定的位置，並搭配每一個 GPIO 點，加上一組的 5V/GND 端點的接點，可以輕鬆連接 I/O 零件或外接一些感測器進行實驗。

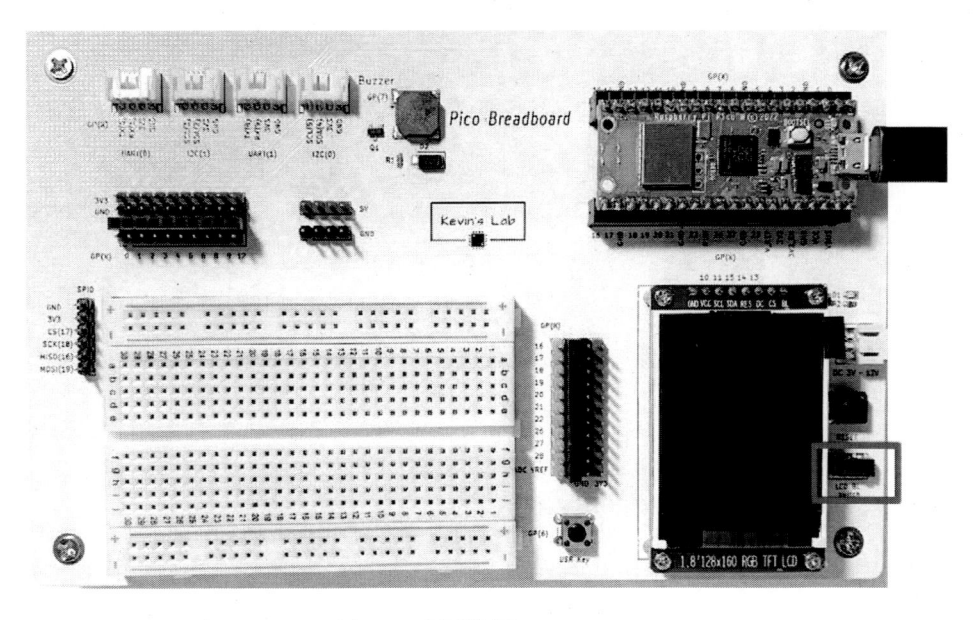

圖 158 重置按鈕(Reset Button)

擴充麵包板

如下圖所示，當樹莓派 PICO W 開發板(Raspberry Pi Pico W)裝載於 Pico/W Breadboard 擴充板之上，由於我們需要進行一些 I/O 實驗與外接一些感測器，所以 Pico/W Breadboard 擴充板特別將裝置於上的樹莓派 PICO W 開發板(Raspberry Pi Pico W)之 GPIO 與通訊介面外接到如下圖紅框處所示之固定的位置，並搭配每一個GPIO 點，加上一組的 5V/GND 端點的接點，可以輕鬆連接 I/O 零件或外接一些感測器進行實驗。

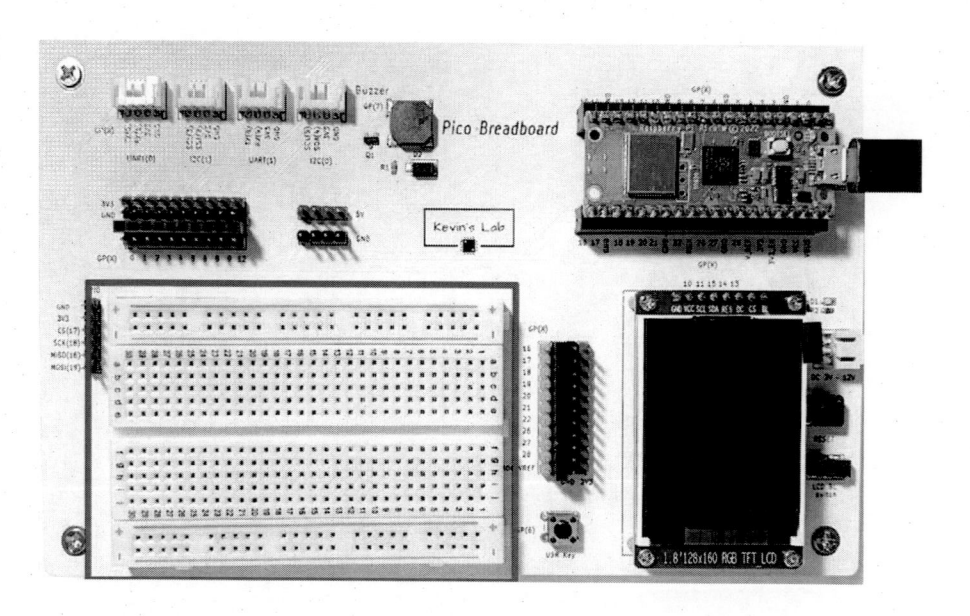

圖 159 擴充麵包板

樹莓派 PICO W 開發板插座

如下圖所示，Pico/W Breadboard 擴充板是專為樹莓派 PICO W 開發板(Raspberry Pi Pico W)設計的擴充板，由於未來可能會出現不同容量、速度、微處理機…等等版本的樹莓派 PICO W 開發板(Raspberry Pi Pico W)會被裝載於之上，所以如下圖上方紅框處所是，特別設計對應樹莓派 PICO W 開發板(Raspberry Pi Pico W)等系列的腳座，可以用於目前樹莓派 PICO W 開發板(Raspberry Pi Pico W)與未來相容腳位的新版本，裝置後如下圖下方紅框處所示，可以真正運作樹莓派 PICO W 開發板(Raspberry Pi Pico W)的所有實驗。

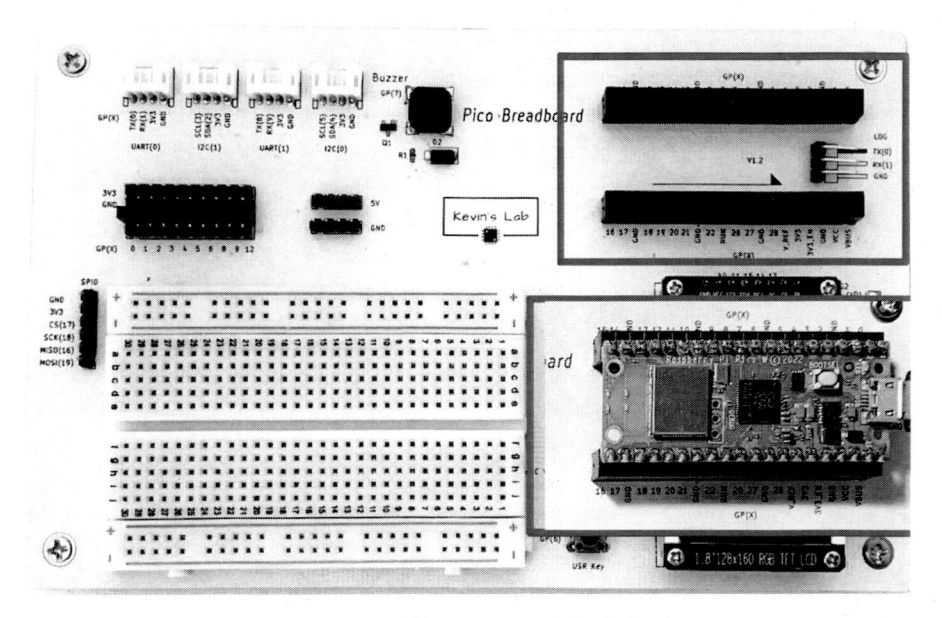

圖 160 樹莓派 PICO W 開發板插座

Pico W Breadboard 擴充板銅柱螺絲孔

如下圖所示，當樹莓派 PICO W 開發板(Raspberry Pi Pico W)裝載於 Pico/W Breadboard 擴充板之上後，由於我們需要進行一些 I/O 實驗與外接一些感測器，所

以 Pico/W Breadboard 擴充板特別設計下圖所示之四邊紅框處所示支螺絲孔。

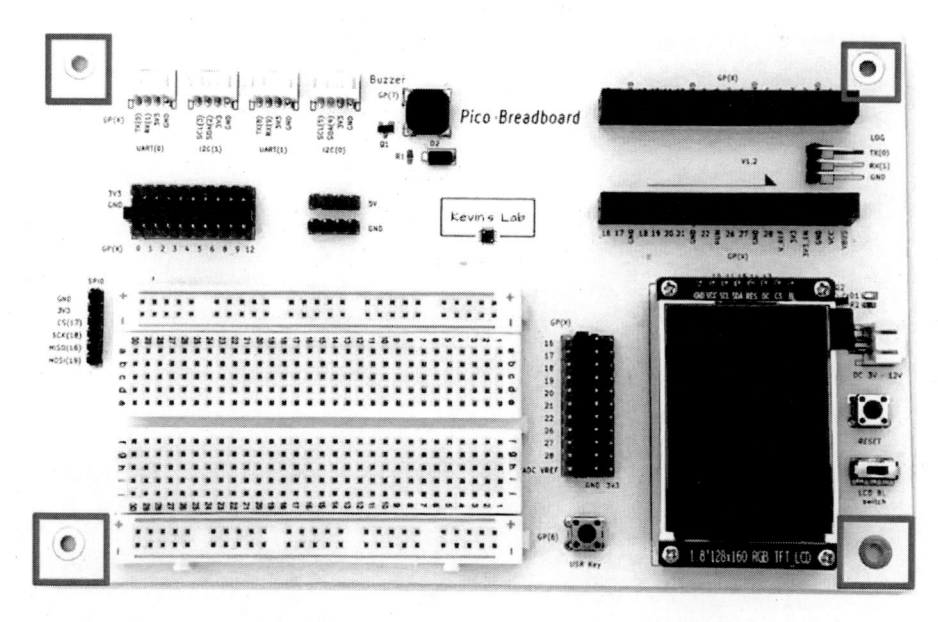

圖 161 Pico W Breadboard 擴充板銅柱螺絲孔

由於 Pico/W Breadboard 擴充板特別設計上圖所示之四邊紅框處所示支螺絲孔，如下圖所示，將這些 M3 的銅柱與螺絲裝置於上，在往後的實驗中，就不會受到 Pico/W Breadboard 擴充板底面接觸到金屬桌面或底下有可導電的金屬等接觸後，導致 Pico/W Breadboard 擴充板與樹莓派 PICO W 開發板(Raspberry Pi Pico W)等零件導致電路短路而損壞。

圖 162 銅柱螺絲

Log 擴充腳位

如下圖紅框所示,當樹莓派 PICO W 開發板(Raspberry Pi Pico W)裝載於 Pico/W Breadboard 擴充板之上,作者特別設計一個 Log 輸出的機制,留作未來擴充之用。

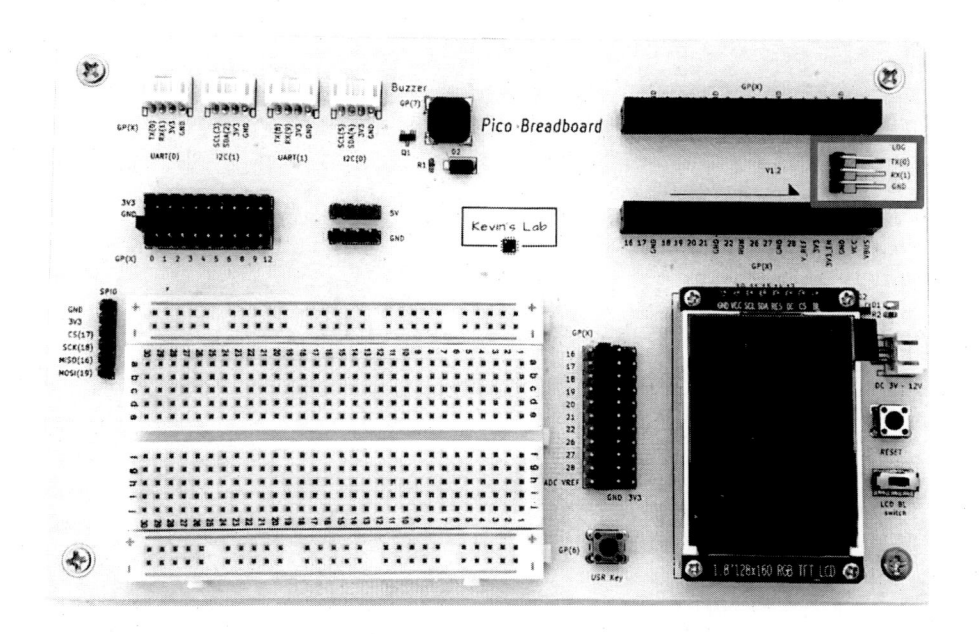

圖 163 Log 擴充腳位

章節小結

　　本章主要介紹專為樹莓派 PICO W 開發板(Raspberry Pi Pico W)系列設計開發的 Pico/W Breadboard 擴充板之介紹，從基本開發環境介紹，到基本擴充腳位與內定基本零件等，到整個 Pico/W Breadboard 擴充板的基本元件介紹，透過本章節的解說，相信讀者會對 Pico/W Breadboard 擴充板的強大功能與方便性，有更深入的了解與體認。

3
CHAPTER

基礎元件與 GPIO 控制介紹

本章節主要介紹樹莓派 PICO W 開發板(Raspberry Pi Pico W)的 GPIO 數位腳位的基本用法，在本章節會。

板載預設 LED 之 GPIO 腳位

由於樹莓派 PICO W 開發板(Raspberry Pi Pico W)在主板上裝置一個 LED 燈號供出廠與開發者基本測試，請參考圖 1 中可以看到正面 PCB 板上有 LED 字樣，該 LED 是 SMD 之 LED 燈泡，再參考圖 3 之腳位圖，可以知道該 SMD 之 LED 燈泡是連接到 GPIO0 的腳位上(曹永忠, 吳佳駿, 許智誠, & 蔡英德, 2016a, 2017; 曹永忠, 許智誠, & 蔡英德, 2017, 2018a, 2018b; 曹永忠, 楊志忠, 許智誠, & 蔡英德, 2020)。

如下圖所示，當樹莓派 PICO W 開發板(Raspberry Pi Pico W)裝載於 Pico/W Breadboard 擴充板之上，由於我們需要進行一些 I/O 實驗與外接一些感測器，所以 Pico/W Breadboard 擴充板特別將裝置於上的樹莓派 PICO W 開發板(Raspberry Pi Pico W)之 GPIO 與通訊介面外接到如下圖紅框處所示之固定的位置，並搭配每一個 GPIO 點，加上一組的 5V/GND 端點的接點，可以輕鬆連接 I/O 零件或外接一些感測器進行實驗。

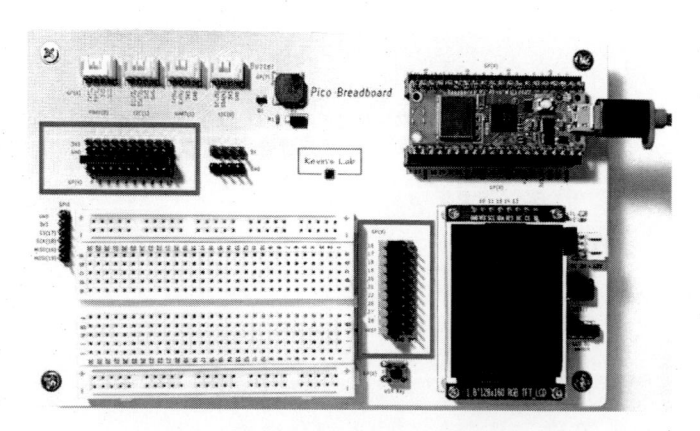

圖 164 外部 GPIO 腳位

硬體組立

由於樹莓派PICO W 開發板(Raspberry Pi Pico W)在主板上裝置一個LED 燈號供出廠與開發者基本測試,請參考圖 1 中可以看到正面 PCB 板上有 LED 字樣,該LED 是 SMD 之 LED 燈泡,再參考圖 3 之腳位圖,可以知道該 SMD 之 LED 燈泡是連接到 GPIO0 的腳位上。

都有如下圖所示,這個實驗我們需要用到的實驗硬體有下圖.(a)的樹莓派 PICO W 開發板(Raspberry Pi Pico W)、下圖.(b) MicroUSB 下載線、(z). Pico W Breadboard 擴充板:

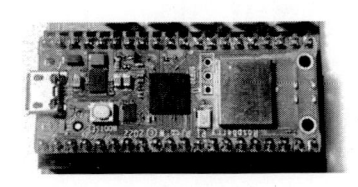

(a). 樹莓派 PICO W 開發板 　　　　　　(b). MicroUSB 下載線

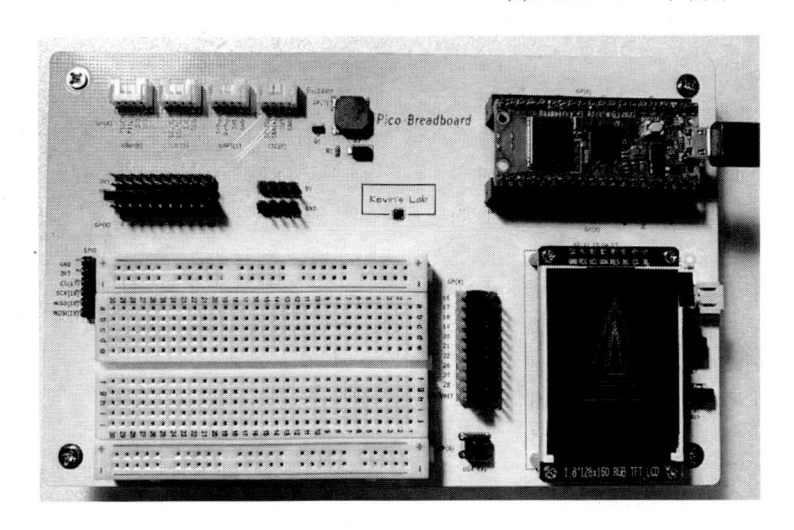

(z). Pico W Breadboard擴充板(含螢幕)

圖 165 Pico W Breadboard 擴充板與樹莓派 PICO W 開發板

讀者可以參考下圖所示之取得自身網路卡編號連接電路圖,進行電路組立。

~ 125 ~

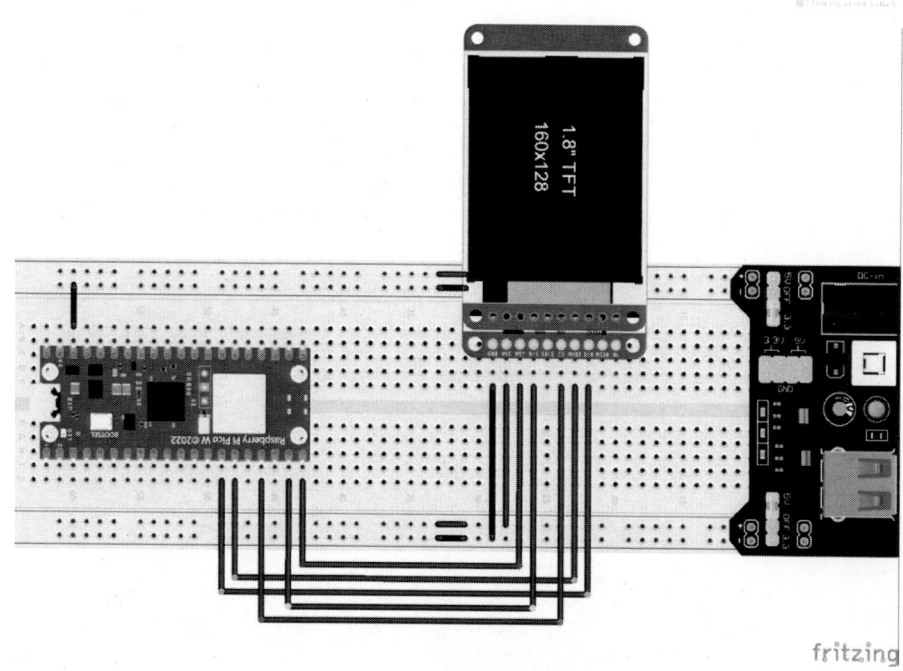

圖 166 樹莓派 PICO W 開發板連接 1.8 吋彩色 TFT 顯示模組

預設 LED 之 GPIO 腳位程式

　　如下圖所示，這個實驗我們需要用到的實驗硬體有下圖.(a)的樹莓派 PICO W 開發板(Raspberry Pi Pico W)、下圖.(b) MicroUSB 下載線、(z). Pico W Breadboard 擴充

　　我們遵照前幾章所述，將樹莓派 PICO W 開發板(RASPBERRY PI PICO W)的驅動程式安裝好之後，我們打開樹莓派 PICO W 開發板(RASPBERRY PI PICO W)的開發工具：Thonny MicroPython 編譯整合開發軟體(安裝 Arduino 開發環境，請參考本文之『Arduino 開發 IDE 安裝』，安裝樹莓派 PICO W 開發板(RASPBERRY PI PICO W)，攥寫一段程式，如下表所示之顯示預設板載 Led 燈明滅測試程式，取得取得自身網路卡編號。

表 3 顯示預設板載 Led 燈明滅測試程式

顯示預設板載 Led 燈明滅測試程式(blink2.py)
from machine import Pin #GPIO 腳位所用之套件
import utime#Delay 程式所用之套件

```
#led_onboard = Pin(0, Pin.OUT)    <==> Pin('LED', Pin.OUT)
#定義 led_onboard 板載 GPIO0 或 板載 LED 字樣的 GPIO 腳位,
#並定義其腳位為輸出模式(由 CPUI 向外部輸出電力:以電壓 高低來控制
led_onboard = Pin('LED', Pin.OUT)
#定義 led_onboard 板載 GPIO0 或 板載 LED 字樣的 GPIO 腳位

while True:
    #led_onboard.toggle()
    led_onboard.on()#設定 led_onboard 腳位物件為高電位
    utime.sleep(2)#休息兩秒鐘
    led_onboard.off()#設定 led_onboard 腳位物件為低電位
    utime.sleep(1)#休息兩秒鐘
# led_onboard.toggle() ==> led_onboard.on() and  led_onboard.off()
```

程式下載：https://github.com/brucetsao/PICOW

程式結果畫面

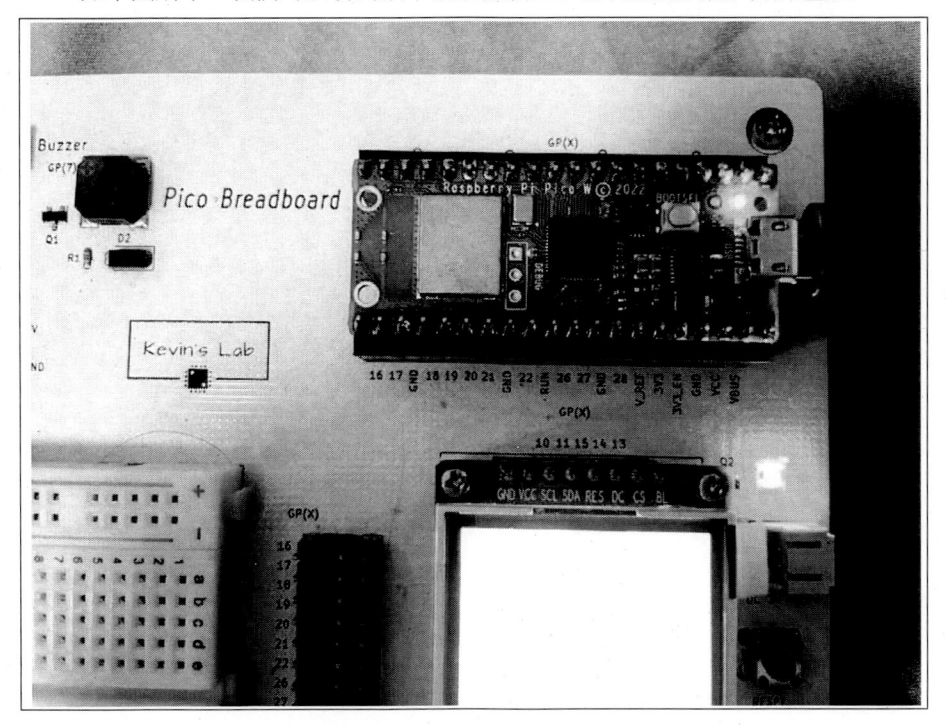

如下圖所示，我們可以看到顯示預設板載 Led 燈明滅測試程式結果畫面。

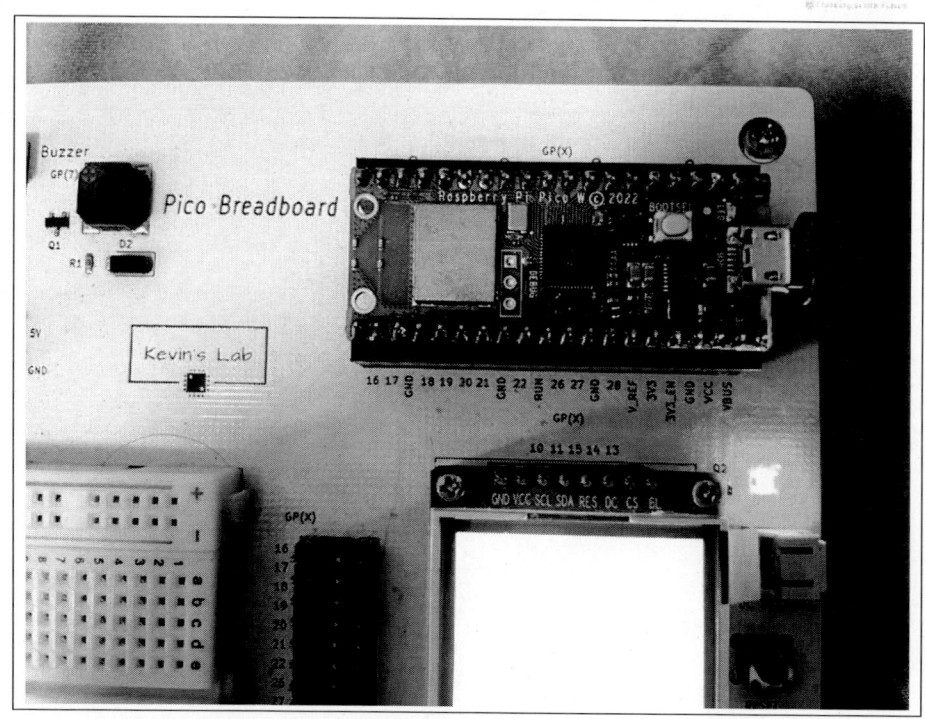

圖 167 顯示預設板載 Led 燈明滅測試程式結果畫面

顯示連接任一 GPIO 腳位之 Led 燈明滅

　　如下圖所示，當樹莓派 PICO W 開發板(Raspberry Pi Pico W)裝載於 Pico/W Breadboard 擴充板之上，由於我們需要進行一些 I/O 實驗與外接一些感測器，所以 Pico/W Breadboard 擴充板特別將裝置於上的樹莓派 PICO W 開發板(Raspberry Pi Pico W)之 GPIO 與通訊介面外接到如下圖紅框處所示之固定的位置,並搭配每一個 GPIO 點，加上一組的 5V/GND 端點的接點，可以輕鬆連接 I/O 零件或外接一些感測器進行實驗。

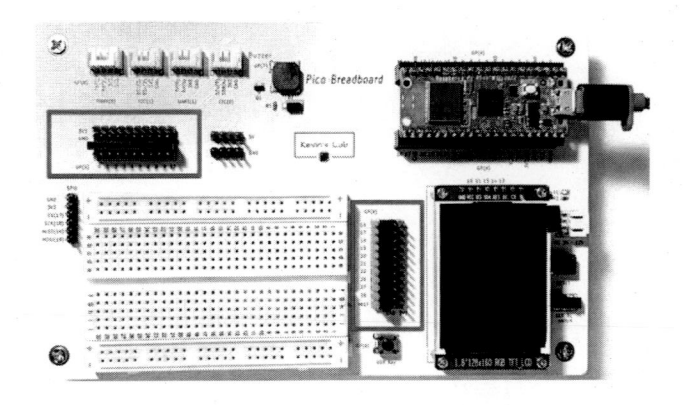

圖 168 外部 GPIO 腳位

  如下圖所示，當樹莓派 PICO W 開發板(Raspberry Pi Pico W)裝載於 Pico/W Breadboard 擴充板之上，由於我們需要進行一些 I/O 實驗與外接一些感測器，所以 Pico/W Breadboard 擴充板特別將裝置於上的樹莓派 PICO W 開發板(Raspberry Pi Pico W)之 GPIO 與通訊介面外接到如下圖紅框處所示之固定的位置，並搭配每一個 GPIO 點，加上一組的 5V/GND 端點的接點，可以輕鬆連接 I/O 零件或外接一些感測器進行實驗。

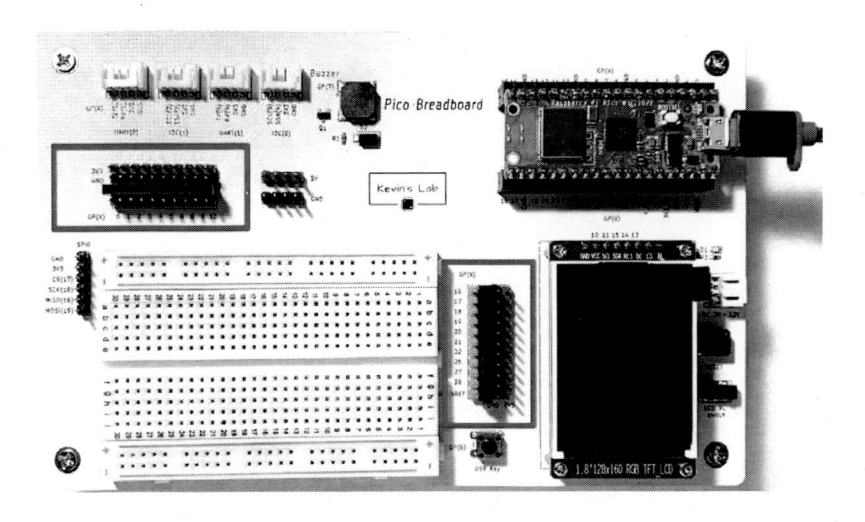

圖 169 外部 GPIO 腳位

硬體組立

由於樹莓派 PICO W 開發板(Raspberry Pi Pico W)在主板上裝置一個LED 燈號供出廠與開發者基本測試，請參考圖 1 中可以看到正面 PCB 板上有 LED 字樣，該 LED 是 SMD 之 LED 燈泡，再參考圖 3 之腳位圖，可以知道該 SMD 之 LED 燈泡是連接到 GPIO0 的腳位上。

都有如下圖所示，這個實驗我們需要用到的實驗硬體有下圖.(a)的樹莓派 PICO W 開發板(Raspberry Pi Pico W)、下圖.(b) MicroUSB 下載線、(z). Pico W Breadboard 擴充板：

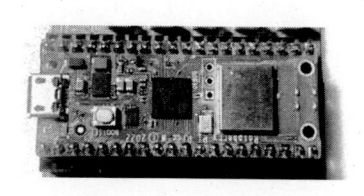

(a). 樹莓派 PICO W 開發板 　　　　(b). MicroUSB 下載線

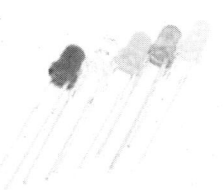

(c). 5mm LED 燈泡 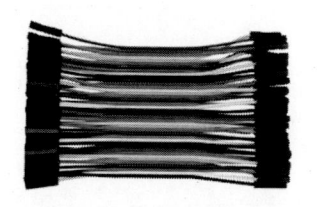　　　　(d). 雙母杜邦線

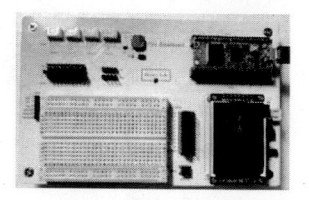

(z). Pico W Breadboard擴充板(含螢幕)

圖 170 Pico W Breadboard 擴充板與樹莓派 PICO W 開發板

讀者可以參考下表所示之電路接腳圖進行電路圖連接，進行電路組立。

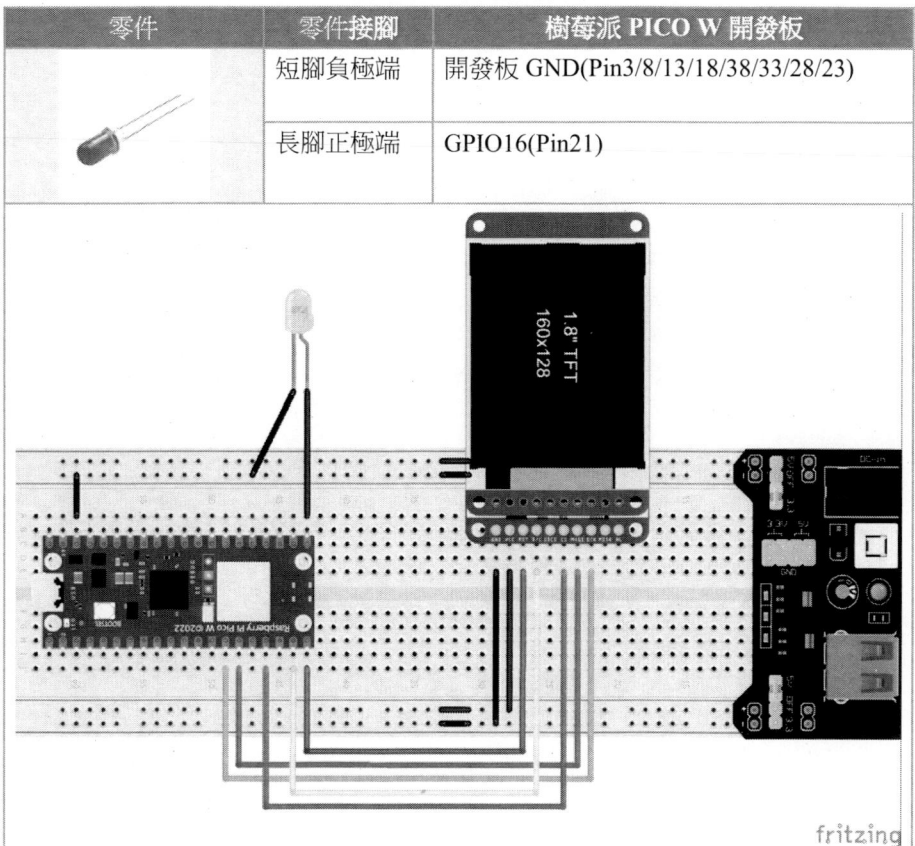

表 4 LED 模組接腳表

零件	零件接腳	樹莓派 PICO W 開發板
	短腳負極端	開發板 GND(Pin3/8/13/18/38/33/28/23)
	長腳正極端	GPIO16(Pin21)

參考上表所示之電路接腳圖進行電路圖連接後，可以得到下圖所示之電路圖。

~ 131 ~

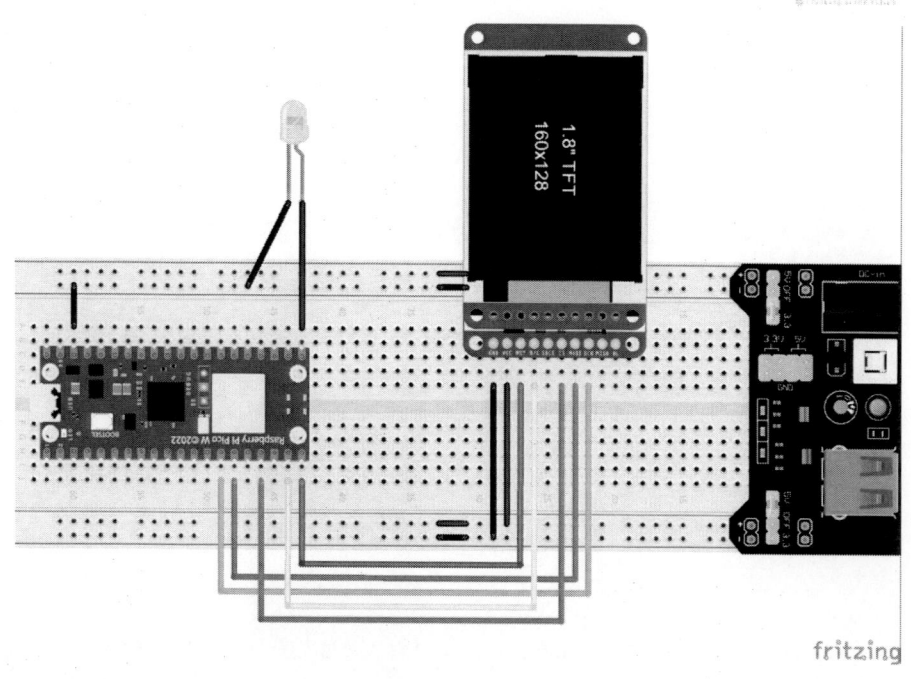

圖 171 整合 LED 之樹莓派 PICO W 開發板連接 1.8 吋彩色 TFT 顯示模組

顯示 GPIO 之 Led 燈明滅

如下圖所示,這個實驗我們需要用到的實驗硬體有下圖.(a)的樹莓派 PICO W 開發板(Raspberry Pi Pico W)、下圖.(b) MicroUSB 下載線、(z). Pico W Breadboard 擴充

我們遵照前幾章所述,將樹莓派 PICO W 開發板(RASPBERRY PI PICO W)的驅動程式安裝好之後,我們打開樹莓派 PICO W 開發板(RASPBERRY PI PICO W)的開發工具:Thonny MicroPython 編譯整合開發軟體(安裝 Arduino 開發環境,請參考本文之『Arduino 開發 IDE 安裝』,安裝樹莓派 PICO W 開發板(RASPBERRY PI PICO W),攥寫一段程式,如下表所示之顯示預設板載 Led 燈明滅測試程式,取得取得自身網路卡編號。

表 5 顯示預設板載 Led 燈明滅測試程式

顯示預設板載 Led 燈明滅測試程式(blink2.py)

程式下載：https://github.com/brucetsao/PICOW

如下圖所示，我們可以看到顯示預設板載 Led 燈明滅測試程式結果畫面。

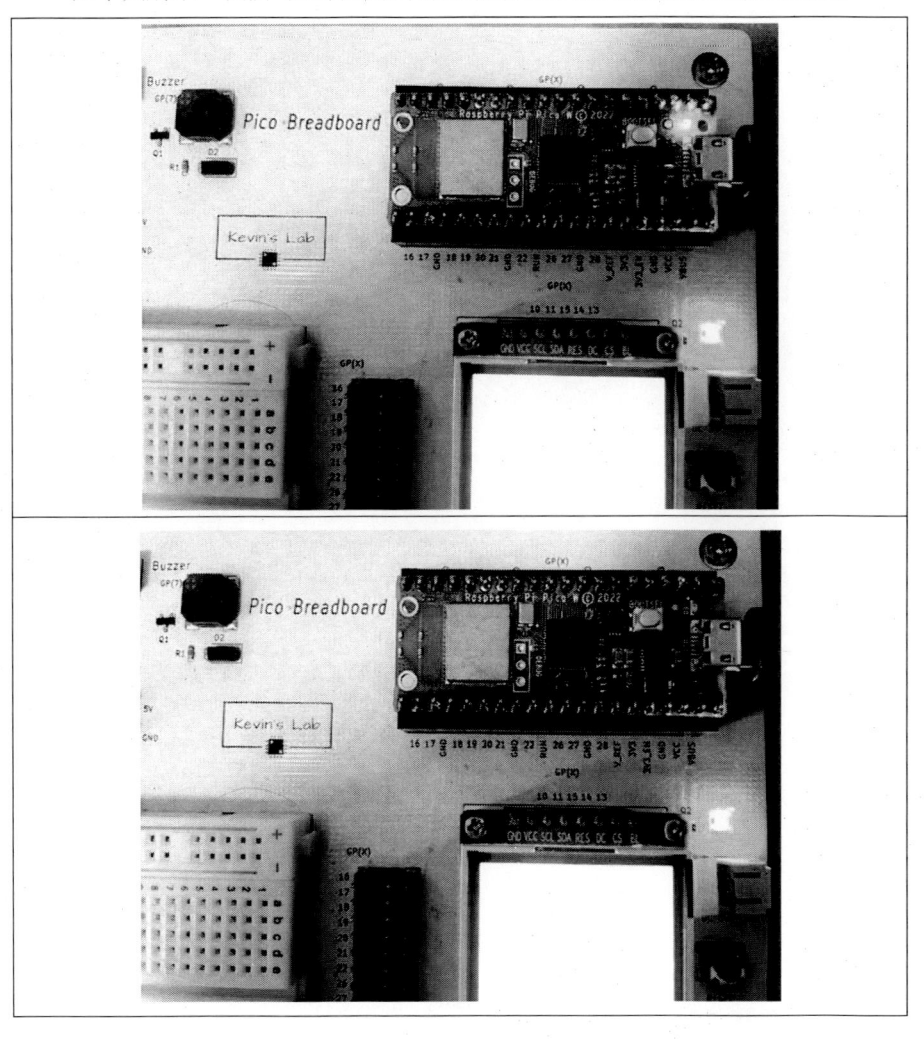

圖 172 顯示預設板載 Led 燈明滅測試程式結果畫面

程式結果畫面

如下圖所示,我們可以看到顯示預設板載 Led 燈明滅測試程式結果畫面。

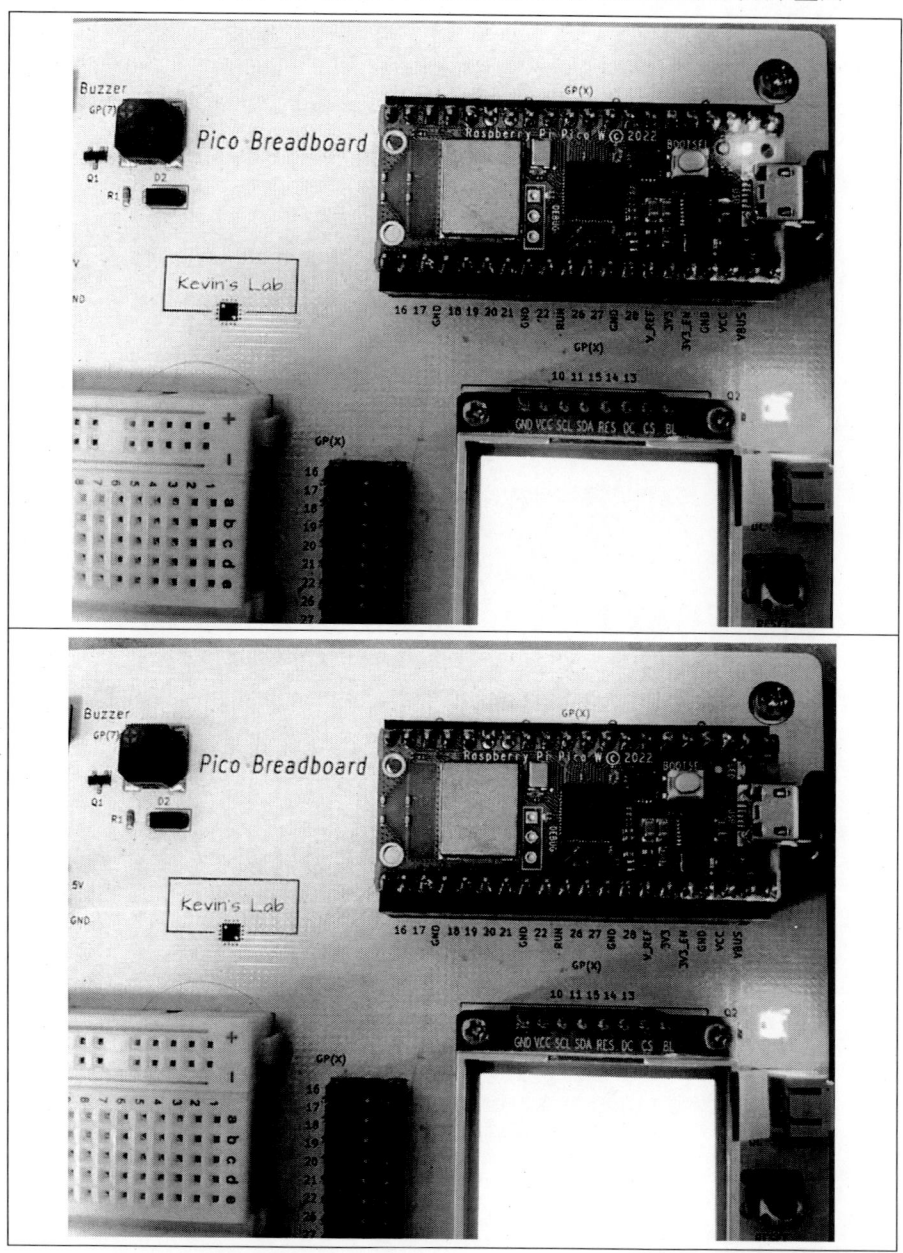

圖 173 顯示預設板載 Led 燈明滅測試程式結果畫面

章節小結

　　本章主要介紹專為樹莓派 PICO W 開發板(Raspberry Pi Pico W)系列設計開發的 Pico/W Breadboard 擴充板之 GPIO 的介紹，從基本擴充腳位與 GPIO 的基本使用等，透過本章節的解說，相信讀者會對 Pico/W Breadboard 擴充板 GPIO 等的強大功能與方便性，有更深入的了解與體認。

本書總結

　　筆者對於 ESP 32 相關的書籍，也出版許多書籍，感謝許多有心的讀者提供筆者許多寶貴的意見與建議，筆者群不勝感激，許多讀者希望筆者可以推出更多的入門書籍給更多想要進入『物聯網』、『工業四』、『Maker』這個未來大趨勢，所有才有這個程式設計系列的產生。

　　本系列叢書的特色是一步一步教導大家使用更基礎的東西，來累積各位的基礎能力，讓大家能在物聯網時代潮流中，可以拔的頭籌，所以本系列是一個永不結束的系列，只要更多的東西被製造出來，相信筆者會更衷心的希望與各位永遠在這條物聯網時代潮流中與大家同行。

作者介紹

曹永忠 (Yung-Chung Tsao)，國立中央大學資訊管理學系博士，目前在國立高雄大學電機工程學系兼任助理教授，專注於軟體工程、軟體開發與設計、物件導向程式設計、物聯網系統開發、Arduino 開發、嵌入式系統開發。長期投入資訊系統設計與開發、企業應用系統開發、軟體工程、物聯網系統開發、軟硬體技術整合等領域，並持續發表作品及相關專業著作。

並通過台灣圖霸的專家認證。

目前也透過 Youtube 在直播平台 https://www.youtube.com/@dr.ultima/streams ，不定其分享系統設計開發的經驗、技術與資訊工具、技術使用的經驗

Email：prgbruce@gmail.com
Line ID：dr.brucetsao
WeChat：dr_brucetsao
作者網站：http://ncnu.arduino.org.tw/brucetsao/myprofile.php
臉書社群(Arduino.Taiwan)：
https://www.facebook.com/groups/Arduino.Taiwan/
Github 網站：https://github.com/brucetsao
原始碼網址：https://github.com/brucetsao/PICOW
直播平台 https://www.youtube.com/@dr.ultima/streams：

蔡英德 (Yin-Te Tsai)，國立清華大學資訊科學系博士，目前是靜宜大學資訊傳播工程學系教授、靜宜大學資訊學院院長，主要研究為演算法設計與分析、生物資訊、軟體開發、視障輔具設計與開發。

Email:yttsai@pu.edu.tw

作者網頁：http://www.csce.pu.edu.tw/people/bio.php?PID=6#personal_writing

許智誠 (Chih-Cheng Hsu)，美國加州大學洛杉磯分校(UCLA) 資訊工程系博士，曾任職於美國 IBM 等軟體公司多年，現任教於中央大學資訊管理學系專任副教授，主要研究為軟體工程、設計流程與自動化、數位教學、雲端裝置、多層式網頁系統、系統整合、金融資料探勘、Python 建置(金融)資料探勘系統。

Email: khsu@mgt.ncu.edu.tw

作者網頁：http://www.mgt.ncu.edu.tw/~khsu/

附錄

Raspberry Pi Pico W 腳位圖

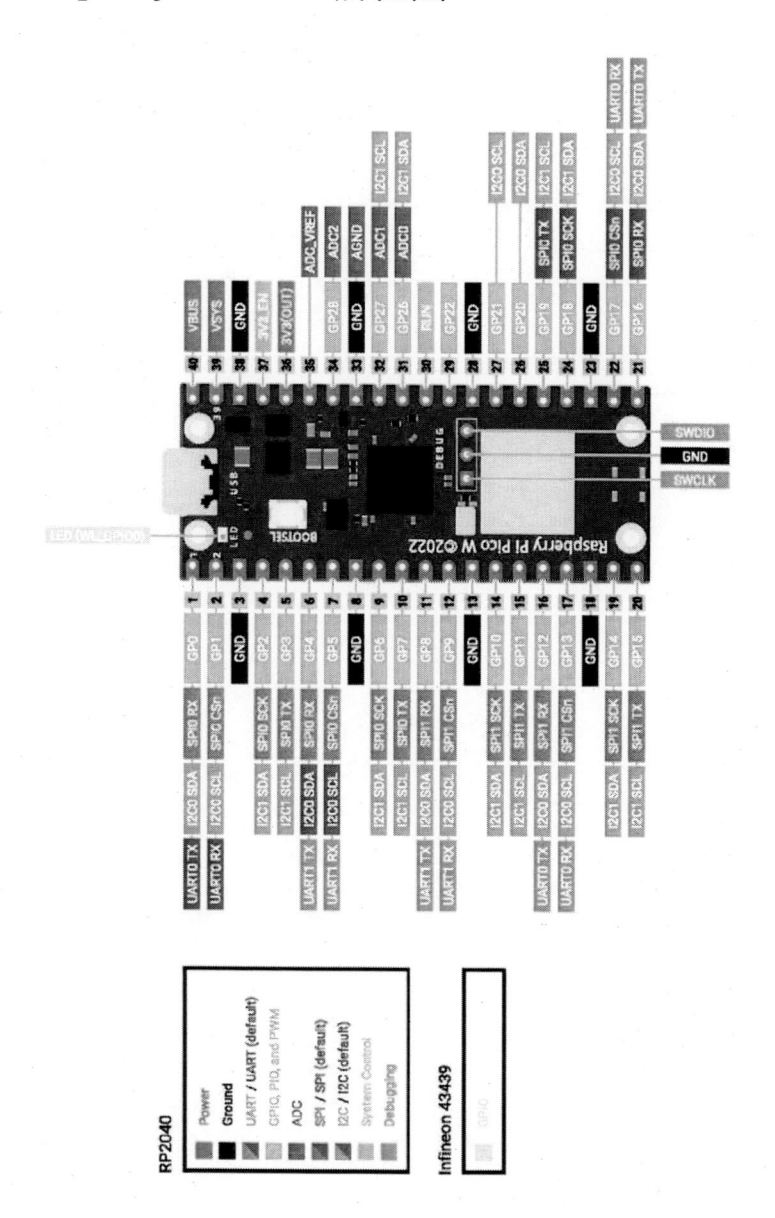

資料來源：樹莓派官網，

https://www.raspberrypi.com/documentation/microcontrollers/raspberry-pi-pico.html

Raspberry Pi Pico 腳位圖

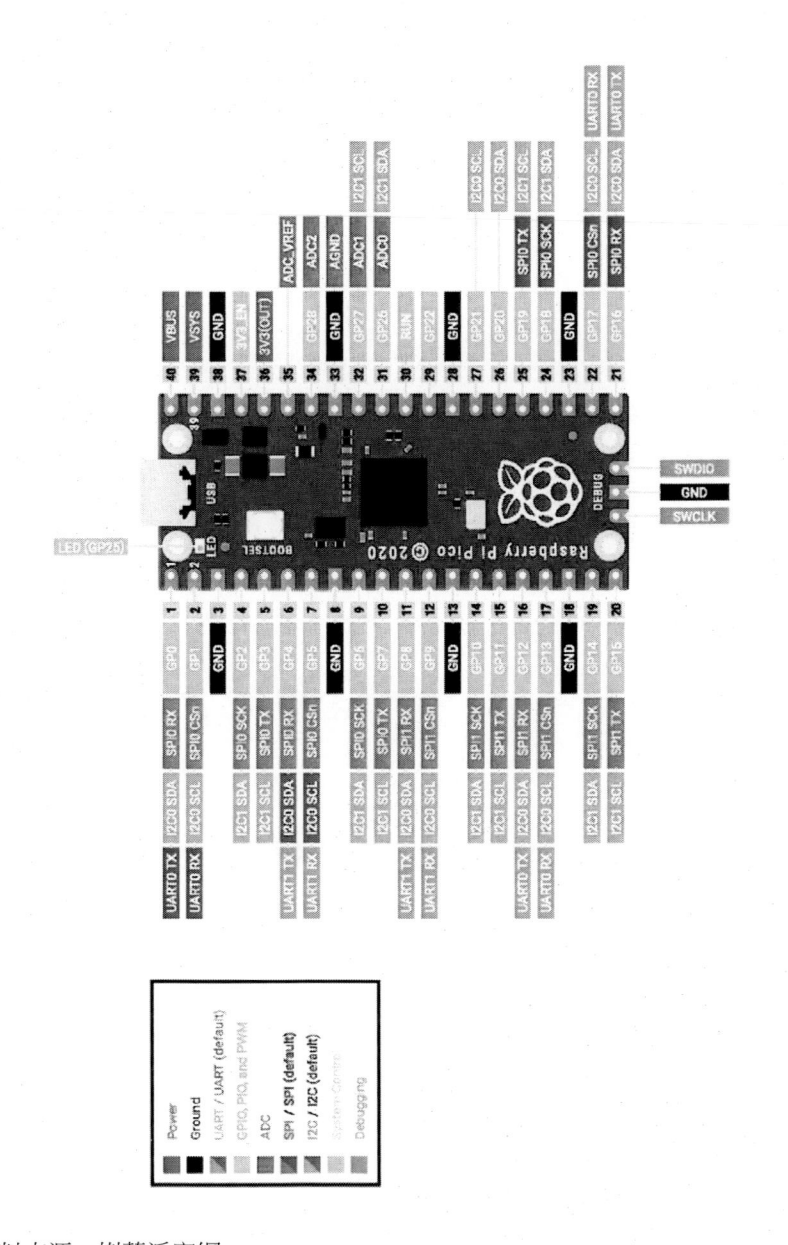

資料來源：樹莓派官網，

https://www.raspberrypi.com/documentation/microcontrollers/raspberry-pi-pico.html

四種版本比較圖

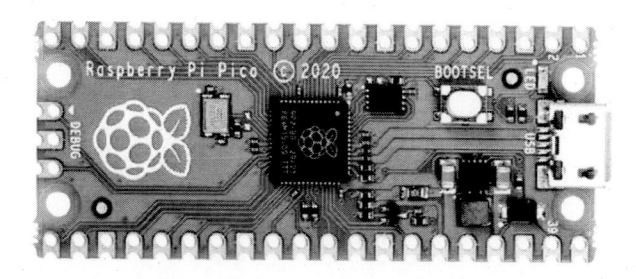

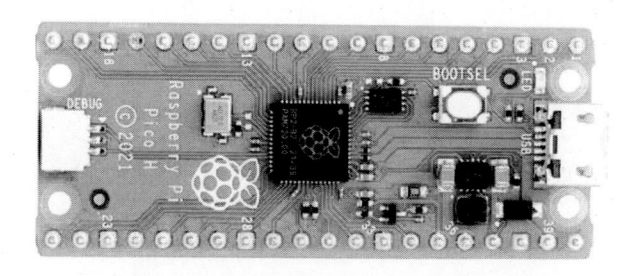

資料來源：樹莓派官網，

https://www.raspberrypi.com/documentation/microcontrollers/raspberry-pi-pico.html

Pico/w Breadboard

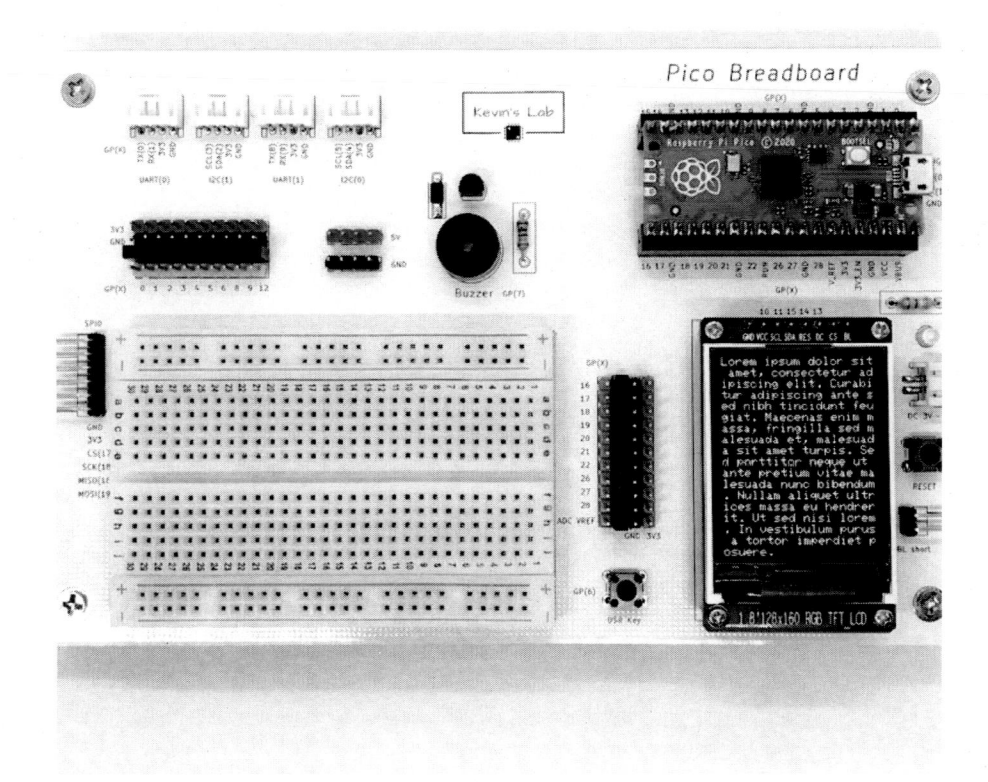

參考文獻

Annamaa, A. (2015). *Introducing Thonny, a Python IDE for learning programming.* Paper presented at the Proceedings of the 15th koli calling conference on computing education research.

Chan, C. (2024). *Standalone Wi-Fi Based IoT Systems Using the Raspberry Pi Pico-W.* Cornell University,

Sharma, P. S. (2021). Programming the Pi Pico RP2040 I/O processor. *Doc-toral dissertation, Cornell University.*

曹永忠, 吳佳駿, 許智誠, & 蔡英德. (2016a). *Ameba 氣氛燈程式開發(智慧家庭篇):Using Ameba to Develop a Hue Light Bulb (Smart Home)* (初版 ed.). 台湾、彰化: 渥瑪數位有限公司.

曹永忠, 吳佳駿, 許智誠, & 蔡英德. (2016b). *Ameba 程式設計(顯示介面篇):Ameba RTL8195AM IOT Programming (Display Modules)* (初版 ed.). 台湾、彰化: 渥瑪數位有限公司.

曹永忠, 吳佳駿, 許智誠, & 蔡英德. (2016c). *Ameba 程序设计(显示接口篇):Ameba RTL8195AM IOT Programming (Display Modules)* (初版 ed.). 台湾、彰化: 渥瑪數位有限公司.

曹永忠, 吳佳駿, 許智誠, & 蔡英德. (2017). *藍芽氣氛燈程式開發(智慧家庭篇) (Using Nano to Develop a Bluetooth-Control Hue Light Bulb (Smart Home Series))* (初版 ed.). 台湾、彰化: 渥瑪數位有限公司.

曹永忠, 許智誠, & 蔡英德. (2015a). *Arduino 程式教學(常用模組篇):Arduino Programming (37 Sensor Modules)* (初版 ed.). 台湾、彰化: 渥瑪數位有限公司.

曹永忠, 許智誠, & 蔡英德. (2015b). *Arduino 编程教学(常用模块篇):Arduino Programming (37 Sensor Modules)* (初版 ed.). 台湾、彰化: 渥瑪數位有限公司.

曹永忠, 許智誠, & 蔡英德. (2017). *Ameba 8710 Wifi 氣氛燈硬體開發(智慧家庭篇) (Using Ameba 8710 to Develop a WIFI-Controled Hue Light Bulb (Smart Home Serise))* (初版 ed.). 台湾、彰化: 渥瑪數位有限公司.

曹永忠, 許智誠, & 蔡英德. (2018a). *Pieceduino 气氛灯程序开发(智能家庭篇): Using Pieceduino to Develop a WIFI-Controled Hue Light Bulb (Smart Home Serise)* (初版 ed.). 台湾、彰化: 渥瑪數位有限公司.

曹永忠, 許智誠, & 蔡英德. (2018b). *Pieceduino 氣氛燈程式開發(智慧家庭篇): Using Pieceduino to Develop a WIFI-Controled Hue Light Bulb (Smart Home Serise)* (初版 ed.). 台湾、彰化: 渥瑪數位有限公司.

曹永忠, 楊志忠, 許智誠, & 蔡英德. (2020). *Wifi 氣氛燈程式開發(ESP32 篇):Using ESP32 to Develop a WIFI-Controled Hue Light Bulb (Smart*

Home Series) (初版 ed.). 台灣、彰化：渥瑪數位有限公司.

PICO W 擴充板基本篇(MicroPython篇)
An Introduction to Shield of Raspberry Pi Pico W (MicroPython)

作　　者	：	曹永忠，許智誠，蔡英德
發 行 人	：	黃振庭
出 版 者	：	崧燁文化事業有限公司
發 行 者	：	崧燁文化事業有限公司
E-mail	：	sonbookservice@gmail.com
粉 絲 頁	：	https://www.facebook.com/sonbookss/
網　　址	：	https://sonbook.net/
地　　址	：	台北市中正區重慶南路一段 61 號 8 樓

8F., No.61, Sec. 1, Chongqing S. Rd., Zhongzheng Dist., Taipei City 100, Taiwan

電　　話	：	(02)2370-3310
傳　　真	：	(02)2388-1990
印　　刷	：	京峯數位服務有限公司
律師顧問	：	廣華律師事務所 張珮琦律師

-版權聲明-

本書版權為作者所有授權崧燁文化事業有限公司獨家發行電子書及繁體書繁體字版。若有其他相關權利及授權需求請與本公司聯繫。

未經書面許可，不得複製、發行。

定　　價：330 元
發行日期：2025 年 01 月第一版
◎本書以 POD 印製

國家圖書館出版品預行編目資料

PICO W 擴充板基本篇(MicroPython篇)An Introduction to Shield of Raspberry Pi Pico W (MicroPython) / 曹永忠，許智誠，蔡英德 著 . -- 第一版 . -- 臺北市：崧燁文化事業有限公司 , 2025.01
面；　公分
POD 版
ISBN 978-626-416-241-8(平裝)
1.CST: Python(電腦程式語言)
2.CST: 電腦程式設計
312.32P97　　　113020627

電子書購買

爽讀 APP　　　臉書